书 · 美好生活

Book & Life

书，当然要每日读。

RECIPES FROM THE GARDEN OF CONTENTMENT

〔清〕袁枚 著
彭剑斌 译注

随园食单

北京时代华文书局

总序

我们一起来读这些书

李冬君
历史学博士，独立历史学者，人称文化江山一女史

疫情期间，闷在家里写作读书。

有任务，要为一套“生活美学”丛书写总序。于是，放下手里的活计，索性放松，补看原来不曾细细品读的“闲书”，其实是在补习我们常说的“文明断层”中丢失的那些生活智慧与生活细节。

这是一套“生活美学”丛书，它呈现的是古人的生活姿态，是唐人、宋人、明人以及清初士人的审美趣味，与我们当下的生活悬隔几百年，甚或千年，那又怎么样?

距离产生美！拉开距离，方有所悟。古人对美的细腻体贴，比比皆是安顿生活的智慧。耗费了几个轮回的光阴，我们才敢肯定自己的真正需求，重启对生活的审美勇气。

“美”，这顶人类最高的荣誉桂冠，它属于过去，也属于我们，更属于未来。唯美永恒。

美是一种约束力，它提示我们生活的边界在于勿过度。而当下高科技正以摧枯拉朽的激情，不断刷新我们的分寸感。不得不承认，它在提升我们生活的同时，也将我们的心智羁绊于它飞速运转的传送带上，节奏如离弦之矢。

科技能解决人类的一切问题吗？显然不能。对于人类心灵的需求，科技只是手段，不是目的。而令人焦虑的终极问题，常常就是一杯茶的生活状态。因为这种“飞矢不动”的悬停状态，对人的生命以及心灵有一种美的慰藉。

好在科技的深渊还没有彻底吞噬人性对趣味的渴望，我们还有能力迟疑，有能力稍停一下花团锦簇的脚步，慢下来，坐下来，在溪边，在太阳下，一起读一读这十七本书，给“悬停”一个落地的方案。

也许这十七本书并不完满。但，它提供了一种美的参照，给我们一些美的启示，支持我们给时代浪潮加一笔“不进步”“不趋时”的保守主义风景。

中国历史上，任何时代都有唯美的生活样式，由那些有趣味的文人在生活中慢慢提炼。他们为衣食住行制定雅仪，用琴棋书画诗酒茶配给生命的趣味，以供我们参考打样自己的生活，复苏我们沉寂的热情，在审美的观照下，来一场生活上的“文艺复兴”。

与他们相遇是我们的福缘。

一 ——— 生命的清供

“清供”，各见其主人的品位，摆在居室、书房，清雅一隅。香花蔬果氤氲奇石墨砚，点染方寸之间，供的是日常的心境。踱步止步，如翻看册页，锦色琳琅，侍弄的是一份生活的趣味。

茶酒皆醉心

素心向隅是一扇窗，它推开我们的生命之幽，给出一点审美的缝隙，插花品茶、饭蔬饮酒、园冶修葺等，就会在文人笔下涨潮，浩瀚为生命里的“清供”，诸如从《茶经》到《随园食单》等等，不过是一波潮汐，但阅读它们，会纾解心灵之淤。

唐人陆羽为茶抒写了一首情诗，就像唐人写格律诗那样，推敲一生。其深情与专一，治愈了全世界的焦渴。

“茶者，南方之嘉木也”，《茶经》开篇就这样悦人耳目。有形有声，将你代入“所谓伊人，在水一方”的佳境，静听鄂君子皙收到的爱歌，“山有木兮木有枝，心悦君兮君不知”。开门见树，读者心甘情愿，为

“嘉木”添枝加叶。

可陆羽又说，嘉木兮生乱石，让人心疼。嫩绿绿的雀芽，却蓬勃于乱石寒壤之间，不挑不拣，不执不念。也许就是这一副简淡的品性，感悟了一位孤苦的僧人，卷起千年的舌尖，衔着万古的思念，为它择水选炭、立规制仪，不厌繁文，遣词细剪，只为一枚清嫩的灵魂，提取一丝亘古的甜，与饮者灵犀一点。

宋代有“喊山”习俗。春来了，草木还在憨睡，万物复苏之际，只待春雷惊蛰，第一醒来的是茶芽。茶农们会提前摆齐锣鼓，润好喉咙，模仿春雷，准备与自然一齐造化。锣鼓接雷，喧天动地，喊声荡山，此起彼伏，“我家茶，快发芽！我的茶，快发芽……”一声声，一槌槌，震碎了雾花，清凉凉地洒落在被吵醒的芽头上。这种擂鼓催春的场景，恐怕是最感人的天人合一了。

生命呼唤生命，生命唤醒生命，人与自然抵掌共生，那茶便是生命的“清供”了，是陆羽追求的茶境。

茶传到日本，有千利休寂茶之“清供”，传到英国，有英式下午茶之“清供”。在欧洲大陆与美洲大陆之间，只是一杯茶的距离，美国人赢得了独立战争。不管以战火的方式，还是取经的方式，总之，喝茶喝通了世界。

熙宁、元祐间的党争，没有赢家。窦苹深感窒息，便开始写中国第一本《酒谱》。也许他读过《茶经》，《酒谱》的目次很像《茶经》。随后，医学博士朱肱，在宋徽宗朝的巅峰时刻，他归隐西湖去了，在湖边著述《酒经》。

大隐隐于酒，魏晋人最擅长。酒在魏晋，是美的药引，发酵人生和人性。人生在微醉中尽兴，人性在尽兴时圆润丰满。看魏晋人的姿态，线条微醉，人有一种酒格之美。

士林酒格，要看竹林七贤。竹林七贤要看嵇康与阮籍。

阮籍醉眼看江山，越看越难受。司马家阴谋横流，他突然一吼：“时无英雄，使竖子成名。”然后倒头醉睡，竟然睡了六十天，这样的功夫，在今天，也算世界纪录。睡时长短，要看醉之深浅，而醉之深浅，则基于城府之深浅。醉眼风云看透，醒来如同死而复生，隔世一般，世事纷纭，都被他醉了，以示他与司马家的不合作。嵇康则偏要像酒神那样酣畅，绝不委屈自己的酒格，劈面强权。正如山涛说：“叔夜之为人也，岩岩若孤松之独立。其醉也，巍峨若玉山之将崩。”说他醉了也巍峨，有关酒格绝不妥协，宁愿死在美的形式中，是中国式酒神的风采。

还有一种田园风酒格，非陶翁莫属。晚明画家陈洪绶，作《归去来图》，写陶渊明高逸生活中的十一个情节，规劝老友周亮工大可不必折腰清朝，不如学陶翁挂印归去。归到哪里去？当然是将自己安放在田园里。陶翁要“贳酒”喝，陈老莲便为他题款：“有钱不守，吾媚吾口”。写诗写到拈花微笑的诗句，喝酒喝到这个份儿上，皆高妙无以复加矣。为了“吾媚吾口”，陶翁还亲自“漉酒”，以衣襟为滤布。运笔至此，老莲又拈出一句，“衣则我累，糟则我醉”，如此淡定平常，皆酒中真人。与叔夜之“玉碎”之酒格，各美其美。一则高高山顶立，一则深深海底行。酒过江山之后，田园轻风掠过，据乱世的出处，悲喜皆因酒的风格不同。而太平之世，混迹于市井，多半屈于浅斟低唱。那不是酒格，权称一味酒款吧。

闻琴听留白

中国人生活中有七大风雅之事，琴为第一。

为什么琴第一？因为曲高和寡，因为天籁并非触手可得。琴，是君子人格的标配。“曲高”与“天籁”，并非对天才琴技的赞美，而是对琴者内在修为的综合考量。尼采说：“在眼泪与音乐之间我无法加以区分。”这句话深邃直渗心幽，应该奉为对“曲高”和“天籁”的最好解惑。音乐是写在灵魂上的密码，应人的崇高之约而来，调理人性的不适。

我们常在古画上看，古君子身背瑶琴，游历名山大川，修炼的正是在俗世即将堕毁的崇高感。高山流水间，他们十指抚琴，弹的是心弦。烟峦夕阳下，遗世独立的伟大孤独，难以名状。倘若于月夜水榭，香焚琴挑，则琴声或幽幽咽咽，或嘈嘈切切，即便穿林打叶，也还是一种有限的形式美。可古人深知，听琴非止于听音，更要听“无”。于是，琴声每每戛然悬空，无声无音，屏息之间，最吊人情绪。当内心开始充盈一个至广大的朦胧状态时，再起的琴声，无论多么惊艳，似乎都是为那一瞬间的“无”凭吊缅怀。这种琴弦之“无”，如书法之飞白，泼墨之留白，姑且称之琴弦之“留白”吧。

听琴听“无”，这一渺然细节在音乐中的专业趣旨非我能论，但闻琴听留白历来为我所钟。“留白”的瞬间净化，休止尘世的杂念，却是额外赐予精神的有氧运动。“无”是“有”的虚拟，用以解释琴之“留白”，对此我们并不陌生，它源自庄禅的审美格调。陶渊明弹无弦琴，应该是一个大大的留白，是他献给前辈庄子和他自己人生的一个“清供”。

琴史上，似乎魏晋人最擅长弹琴复长啸。嵇康目送归鸿，手挥五弦，一曲《广陵散》为之绝唱。他选择了死，是为了让正义之美活下去。如今不管《广陵散》是不是当年嵇康的“安魂曲”，它已然流传为悦耳的纪念碑，永恒为他的生命清供。

在士君子，瑶琴是很个人主义的音乐。即便交友，那也是高山流水遇知音。一个人在树下弹琴，一个人在巨石上听，飞瀑流过巨石，经过树下，这种高冷之美，太过华丽。

孔子弦诗三百篇，将华丽稀释，普罗为温柔敦厚的大众教化，矫正勤劳的怨声。《诗经》配乐吟诵，音乐纾解了诗的忧伤。人民“哀而无怨”“宜其家室”，在琴瑟和鸣中，终于把日子过成了教科书。其实，北宋朱长文著《琴史》的初衷，就是想用琴音教化人的心灵。只不过，艺术的真谛一旦在人的内心苏醒，那颗不羁的灵魂便无论如何都会找到自己的节拍。

书法是精神上的芭蕾舞

唐代不仅盛产诗歌，还盛产书法家。除了我们耳熟能详的初唐四杰、中唐“颜柳”之外，还有一位让米芾都惊艳的孙过庭。米芾叹其书法直追“二王”。孙过庭还著《书谱》一书，品评先贤书法。

米芾擅长书法却不屑写“书史”，偏写《画史》。他的画评，机锋烧脑，是画史上绕不开的艺评重镇。

书法是线的艺术，唐以前书画皆在线条上追逐光昌流丽，以吴道子所创“吴家样”为集大成者。到宋代，士人那颗自由的艺术之心，无法忍受千家一条的格式化线条，便开始越过唐代，直奔东晋“二王”了。从那位后主李煜开始，在线条上迟滞，在笔锋上苦涩。人生的艺术，因自由意志受阻而偏向于不流畅的悲剧表达，这个过程本身就是一种与自我对话的行动艺术，它不反映社会现实，而是在精神上自我训练，培养审美能力。

米芾与李煜一样，书法直追晋风，却不想在“二王”脚下盘泥，他不想对着“二王”学“鹅”步，所以总念叨“老厌奴书不换鹅”。有人批评孙过庭习“二王”“千字一律，如风偃草”，却不知孙过庭偏执着于以假乱真的功夫。他可以在任何不同的场合，写出一模一样的同一个王羲之写过的“字”，不要说人的情绪以及运笔时的气息会不同，除非忘我，想必孙过庭练的就是这种忘我的功夫。

米芾可不能“忘我”，“我”是艺术的主体。他曾给友人写诗一卷，发表“独立宣言”：“芾自会道言语，不袭古人。”他“刷字”五十余年，才松了口气，见有人说他书画，不知师法何处，才终于释然。

北宋理学发达，似乎对米芾影响不大，未见他与同时代的理学家有什么往来，天理难以羁縻他沉浸于活泼泼的生命力的喜悦中，他秉持的独立品格暗含着否定基因，他就是一个否定者，而且是一个否定的狂者。以否定式的幽默，游戏水墨。他不是为了肯定而来的，而是为了否定，为了否定之否定。

据说米芾“伟岸不羁，口无俗语”，任性独啸，浑然一个“人欲”，高蹈于世。一个人看到了自我，他该多么快活！

难怪项穆在《书法雅言》中对苏、米疾言厉色，项穆是理学之徒，宋明理学的核心思想是“无我”。虽然历史已经是万历朝了，而且本朝亦不乏与米芾息息相通的性灵文人，在米芾和项穆之间，还有倡导“唐宋诗”的归有光、因赞美“人欲”而惊世骇俗的李贽，以及独抒性灵的“公安三袁”等，项穆不会不知。人的精神进化，是多么参差不齐，连时间都会脸红，不要说五百年前米芾那颗自由的性灵，就是同朝为人，分野亦明。

毫无疑问，项穆认为书法应该是一门“载道”的艺术，正如理学主张“文以载道”，“道”是“正人心”，是《书法雅言》初衷，是项穆的学术抱负，他将书法艺术提升到理学意识形态的高度。书法被天理纠缠，还有审美的可能吗？如果天理否定人性和人欲，那就无法审美，因为那条优美的中国线的艺术，属于流畅的人性，不属于概念，它不为任何概念做广告贴士。

项穆是明代收藏大家项元汴之子，过手过眼的艺术珍品想必不少，如此出身非一般人能比。不过，米芾也不是一般人，书法、艺评、绘画、诗歌等，不仅是项穆的老老前辈。仅就收藏，“宝晋斋”藏有王羲之《王略帖》、谢安《八月五日帖》、王献之《十二贴》三帖，便足以傲视古今藏界之群雄，不知深浅的项穆！

看项穆对苏、米指手画脚，才说了这么多米芾。苏轼是米芾的良师益友，也是今人熟悉并敬重的生活美学宗师。从此进入《书法雅言》，亦不失为一种逆向的审美路径。它会提示我们，无论何时何地，书法关于线的艺术都是我们生命的韵律。

案头上的书写风雅

苏易简是北宋初年的大才子，他考状元的学霸试卷，让宋太宗击掌再三，钦点为甲科第一。才子多半是性情中人，苏易简也不例外，除了为官正直外，他还有两大痴好。第一，痴酒如命，第二，文章卓世。但他不写理学家们的高头讲章，也不好摆大学问家的架势。《文房四谱》是他兴之所至，情之所起，一本书法工具入门书便写成了。“砚谱”“墨谱”“笔谱”“纸谱”，在他的审美观照和修辞整饬后，成为书房长物，并为学者所不可须臾之缺的案头风雅。

其中，“纸谱”卷，每每会诱发人对纸的惜物之心与对风雅的赞叹：“荆州白笺纸，岁月积久，首尾零落，或间缺烂，前人糊榻，不能悉相连补。”看来宋以前，作为四大发明的造纸工艺还是比较粗糙的。

纸贵如晋时，陶渊明的曾祖陶侃献给晋帝笺纸三千张；王羲之任会稽令时，谢公从府库申请九万张笺纸赠送给他。西晋的陶家，东晋的王、谢两家，恐怕将东西两晋的上好笺纸一网打尽了。即便到了宋代，造纸术和印刷术已经普及，私刻印书是一道时尚风景，米芾拳拳纸情，亦非纸不画，可见笺纸之金贵依然时尚。

有评价说《书房四谱》文辞藻丽，没办法，那不过是才子必备的小技。这种知识入门的文字，唯文采，才能尽显“文房四宝”的雅致。作为书房里的清供，给《书法雅言》“陪读”，真是项穆的好运。

家有长物的启示

形而上地看，一部《长物志》谈的都是“物”，饥不可食，寒不可衣，皆身外多余之物。但还有“长”，“长物”之长，是指附着于物体上的精神质量，是对物体的审美限定。所谓“家有长物”，并非所有的凡物皆可登堂入室，而是要严格筛选。文震亨给出了十二项，将“入品”的“长物”，设置于厅堂、书房、起居室、卧房，甚至室外的曲廊水榭间，每一项都是中国文人的心灵抱枕，皆可安顿一颗居家之心，可作心灵清供。在润物细无声的生活经验中，生成惜物敬重的习惯。“长物”还有另一层可爱，那就是它可以普及为美育之津梁，风化社会的道场。

就像无法收藏生命一样，我们也无法收藏时间。幸亏我们有了“长物”意识，忠诚于时间之善，将生命的创造收藏起来。

文震亨是文徵明的曾孙，写《长物志》，信手拈来，得益于他家藏丰厚，有近水楼台的优越。寒士李渔在《闲情偶寄》里，对诸般“长物”也如数家珍，就连“性灵派”的创始人之一袁宏道，都要放放手里的“宏道”大学问，去写一部《瓶史》，谈谈他对插花艺术的主张。一句“斗清不斗奢”，就知他是插花行里的雅人。插花是小乐之乐，却是顺手之乐，方便怡情之乐。人不可能每日都倾力高山流水之大乐，所以，袁宏道给自己的书斋题名为“瓶花斋”，而不是“性灵斋”，抑或“华严斋”之类，在瓶花斋里小乐即可。陈眉公称他为“瓶隐”，可见“性灵派”对“长物”的执着。

一年皆是好景致

写《瓶花谱》的张谦德，说起他的另一个名字“张丑”，想必绘画鉴赏界皆知其雷声隆隆，所著《清河书画舫》，在绘画艺术史上是一座界碑。除了书画，他还喜欢生活中的各种“长物”，在《瓶花谱》里装点配饰。他还很认真地写了一部《茶经》，以弥补他认为的茶界遗憾；袁宏道也很认真地写了一部《觞政》，意图补偿酒文化的缺憾。

高濂是一位生活美学的杂家，或者说是艺术界百科全书式的人物。他在北京鸿胪寺工作了一阵子，因外交礼宾司的应酬索然无味，便辞职回杭州隐居去了。就在西湖，他每日烹茶煮字，写了不少好文。也许有人不知高濂，但只要请出他的拿手好戏《玉簪记》，你还来不及拍脑门，就再一次乖乖进入剧情。尽管这出爱情喜剧已经唱了七八百年，获奖无数，我们依然对它有种历久弥新的陌生惊诧感，就像今日追剧《牡丹亭》。

明代万历年间文艺气象风调雨顺，孕育了一大批文艺复兴式的文艺巨人。仅戏剧舞台上，就有魏良辅、汤显祖、高濂、沈璟、徐渭、张岱、李渔等这般锦绣人物，他们比肩喷薄，启蒙了那个时代，万象生焉。他们与莎翁生逢同代，风月同天。那是一个怎样的世纪啊？为什么山川异域却都流行戏剧？因为那是一个人类精神发展同步的时代，性灵是那个时代的主题象征，人们为之狂欢的人性指标或人文数据，已经给出了文艺复兴的节奏。只可惜汉文化在它达到了最高峰之际，突然被北来的马蹄硬给带出一个拐点。

与今天追剧娱乐至死不同，那个世纪的戏剧担待了一代人断崖式的精神跳水，这里清溪欢畅，就在这里嬉戏，先知先觉的大师们为时代洗澡。他们在戏剧里大胆抒发“人欲”对自由审美的追求，将被“天理”桎梏于深渊的男女爱情打捞出来，直接晒于太阳之下。陈妙常与潘必正的自由恋爱，刷亮多少双爱情的眉眼，抛出爱情的抛物线，打散了“理学”因过度对称而僵化的几何线条。人情的世界，性灵是不对称的，或倾而不倒，或危而不慌，孤独的、个性的、欢畅的、寂寞的、敢爱敢恨的、无拘无束的。

跌宕起伏之后，《瓶花三说》，有种偷着乐的闲逸之美，它们是生活中的小景小情，但不能没有，想象一下，在万物冻僵之时，瓶花直如雪夜烛光，有种复苏的力量。

在小情小景上，明人比宋人简约。他们只享受短暂的美好，欣赏鲜花的可爱，在于不留恋，不永恒。他们只写花瓶里的花，在书房与花之性灵一期一会。

春生、夏长、秋获、冬藏，四季在每一个华丽转身之际，都会给人一个阳光灿烂的启示：一年都是好景致。但，春夏揖别，秋去冬来，四季在时间的秩序里却无缘聚首，花落花开，瞬息无常，怎么办？被美宠上了天的宋人有想象力，他们创造了“一年景”。陆游在《老学庵笔记》里，有一段描述，他说，京师妇女喜爱四季花样同框，从首饰、衣裳到鞋袜“皆备四时”。从头到脚穿戴四季花样，把每一天都过成了四季，谁说寿世无长物呢？他们用审美延长了生命的质量。

人间有味是清欢

如果说宋人养生很文艺，到了明人养生，便开始“知行合一”了。当人性的内在被发掘出人欲之灵时，承载性灵的肉体得到了尊重和重视，尊体养生的生活意识便带来了生活方式的美学提升。高濂还总结了一套美学养生法，并为此著书立说，书名《遵生八笺》。其中“四时调摄笺”，恐怕是养生哲学中最接地气的一段。春天去苏堤看雨，看桃花零落；端午日喝菖蒲酒，将生长在小溪里的菖蒲打成粉，或切成段，泡酒喝，端起酒杯，诗意便会津津舌尖上，“菖华泛酒尧樽绿”，一杯美妙入喉，如树下饮长夏，比用“天理”调理“人欲”更令人安慰。五脏六腑遵循四季的安排，顺时调摄，信仰月令，在二十四节气的芬芳舒缓中，为养生立宪。摆脱禁欲的道学权威，一切自然的欲望都被允许，才是最愉快的养生疗法。养生尊体，养成君子玉树临风，才是天理。

回归自然，是中国文化的宿命，中国人几乎一边倒地宠爱自然。首先以自然为师，在向自然学习的过程中获得生活的经验。其次，以自然为主要审美对象，借自然之物言志抒情，从自然中获得无限的审美快乐。

公元十世纪，荆浩从体制内出走，走进太行山，面对完全没有意义压力的大自然，自己给自己定义，就像梭罗在《瓦尔登湖》里给自己的定义一样，我是我自己的国王。

过去的意义不复存在，那就创造出新的意义。于是，他开始创作水墨山水画，以一个孤独的个体独自面对自我与自然，他获得了一切都要原创的创世体验。

计成，生活于明朝万历年间。他先是一位山水画家，师法荆浩，在《园冶》自序里，他反复念叨，想脱离体制，获得一个自由自在之身，然后为自己和父母设计一座园林终老。

从绘画到园林，计成从平面山水走向立体山水。当然，他设计了不少有名的山水园林化的艺术空间。

浮世名利是缰索，为人情所常厌；烟霞仙圣，则为人情所常愿却又不能常见。怎么办？于是有了山水画，人们便可“不下堂筵，坐穷泉壑”了。这句话出自北宋皇家画院院长郭熙的《林泉高致集》。

这是宋人的时尚，到了明代，大凡有林泉之志的君子们，不仅要居“堂筵”可望可赏山水，还要可游可居。要与真山水同在，还要徜徉其间。明中叶以后，文人们开始流行造园，他们把大山飞瀑请回家，不用远足，移步庭院，便可坐穷泉壑了。在自家园子里，直接面对大自然的微缩询以个体存在的意义，在园林里重构个体生存的方式。

一幅好的山水画，应该使人在审美中分享“可居可赏可卧可游”的同时，还要有一种在山水里安身立命的归宿感，还要有一种救赎的力量。计成把荆浩这种山水精神移植到园林中，用写性灵小品的笔法，精雕细磨江南宅院，在世俗中营造一座自然美的生活空间体系。

“全景山水”，是指画中有山有水有草木鲜花，也有山居人家，是在宣纸上虚拟的一个理想的精神家园。计成想做的，就是把“全景山水”从厅堂的墙壁上落地在花园中，把精神家园从虚拟变为现实。他在园林中向世人宣喻，除了王朝的江山，士人还有文化的江山可去，王朝的江山靠不住，还可打造一小片纯净的文化的江山。

经世致用，是中国学问的正根，用在帝王家。可袁枚偏不，在对王朝举行了淡淡的默哀之后，他便辞官归隐，住进江宁织造府，这里曾是《红楼梦》大观园的故址。那年他三十三岁，冥冥之中幸运降临，这块精华之地不知给了他多少灵感。

那时，他还不知有《红楼梦》，可远近皆知他是坚定的“性灵说”诗歌流派的掌舵人。他在任江宁知县时，购买了小仓山废园，修整后改名“随园”。也许真有随缘的顿悟，他把自己从体制内自我放逐了，皈依美味，过一种舌尖上的真实生活，做梦也要做一场性灵的故园清梦，或许还能梦见贾府盛宴。

文豪写吃，历来有趣。文心不雕龙，只雕琢味蕾上的性灵。袁枚捍卫美味的姿态，表现出超常的使命感和整合能力。《随园食单》不载道，不禁欲，若舌尖上的思念，能得之于美味的灵启，那将是人生最圆满的乐事。就像他说的“笔性要灵”一样，“食单”里的每一道美味，都与他的笔底灵魂押韵。

中国的饭桌对自然界是全方位开放的，大凡自然赐予的物质，都可以在饭桌上争艳。在食不厌精和脍不厌细的祖训下，吃食除了果腹外，还有养生的关照，以及必须满足的两个生理层面的诉求：味觉的丰满和视觉的盛宴，在审美中喂饱精神，这是袁枚美食的“清供”，也是中国士人饮食文化的精髓。

中国人的餐桌，是民本主义的开端，要看民的脸，除表情之外，还要看民是面黄肌瘦，还是丰懿红润，“民以食为天”，是政治的目标，尧舜时期，吃已开始具有了禾熟香味的民生观照，以一种农耕习俗为主调。“山家清供者，乡居粗茶淡饭之谓也。”据林洪自称，他是那位梅妻鹤子林和靖的七世孙，也许得益于林和靖清素淡雅的遗传基因，他的食物“清供”，基本以家蔬、野菜、花果等素食为主，是上天赐给田园的原配食料，风物清素，餐桌淡雅，加上林洪给菜蔬配上诗意之名，诸如“碧溪羹”“披霞供”等，真是南宋人有南宋人的食性风雅。

二 ——— 儒歌到晚明的走板

从《菜根谭》《围炉夜话》到《幽梦影》《小窗幽记》，一本本翻过来，不禁哑然。在这几位儒生的精神世界里，“荒腔走板”就是检验时代的真理标准。

儒学走了两千多年，它是怎么熬过来的？又如何幸存下来？问号就像穿帮镜头，透过他们的珠玑妙语，我们看到儒学的僵化似乎濒临内在的坍塌。因为他们弹奏起人性的和弦，那不甘于被儒学异化涂炭的性灵，经人性之美吻过之后，开出了新思想的花朵，“艾特”给正统的出身，表明新生代的风姿，在四本书里唱起了各自的儒歌，抒发一下窃喜的荒诞不经。无论传承还是叛逆，或多或少，都已经不合教条化的“名教”板眼。走板的调，走调的腔，被旧时代视为荒腔走板的调性，却启蒙了对灵魂的审美，以及对人性的肯定，这种不确定的荒腔，反而因理性之美而不衰。儒学就这样在一代人又一代人的“走板”中创新，也许这就是它熬到今天的理由吧？想想它余下的世纪也许不多了，未来机器人的大脑想什么？谁知道呢？

审度荒腔的美感，是一种怎样的阅读体验？不妨试试。

说起载道之学，比起《琴史》的高冷，《菜根谭》则款式素朴。但读起来并不轻松，作者可一点都不客气，将他腌制的“菜根”格言，和盘托出。满盘琳琅清贫或清苦，应对于万历年间的人心浮夸以及物欲膨胀。如果信赖《菜根谭》就会身心健康的话，你能皈依清贫吗？这是一个沉重的话题。更有甚者，他拈起道德的绣花针，句句如芒，直指人心。诸如面对“苦中乐得来”，尔能持否？

《围炉夜话》与《菜根谭》并誉，“并誉”也是两百年以后的事儿了。作者王永彬是清朝道光年间的乡贤，教书之余，编写一些教材。《围炉夜话》是一部不足万字的修身教材，犹如儒家励志的橱窗，展示修身敬己的老生常谈，在科技迅猛不及回眸的历史瞬间，于个人偶有拾遗，即便一枚人性的灵光一闪，亦不失为一次温暖的补遗。

《小窗幽记》断不能与《菜根谭》及《围炉夜话》合称为“处世三大奇书”，因为它们的旨趣迥异！陈眉公何许人也？陆绍珩又何许人也？

明末清初，太湖流域，应该是中国士大夫最后的精神据点了。文华绝代的松江府是文人的天堂，陈眉公就隐居在天堂里。

徽商黄汴曾编纂了一本《天下水陆路程》，松江府为枢纽，那里水路通达，商贾逐利而来，画舫日夜流连。这样的商业文明，比“宫斗”那种恶劣的政治环境更具魅力，给晚明的名士们一个逃避的去处，他们在此扎堆隐居。

据明末士人王沄编《云间第宅志》记，松江府当时有别业名园二百多家，徐阶之水西园，董其昌之醉白池，陈眉公居东佘，陈子龙的别墅也相距不远。在陈眉公的生日宴上，当柳如是第二次见到陈子龙时，便以为可以“如是”此生了。

眉公名继儒，二十九岁时，果断焚烧儒衣冠，绝意仕途，来一次告别“继儒”的行为艺术。以彻底的荒腔走板，破了理学障碍，在隐居中还原一个人的真实生活，三吴名士争相效仿并与之结交。

有人说他假隐士，什么是真隐?

像他这种上下与天地同流的人，怎么会在乎往来人的身份? 管他是布衣白丁，还是封疆大吏，他在意的只是人。隐居不一定非要躲进山林，或与往日朋友像病菌一样隔离。今天看来，脱离某种体制化，做一位独立的自由人，就是真隐。既然体制让人受苦，那就转个身离开它。归隐，是中国文化所能给予中国士人奔向自我的唯一途径了，唯有对审美不妥协的人，才会选择这一具有终极美的生活方式。当然，眉公到曲阜，还是要拜先哲的。

他书法宗苏、米，宗的是苏东坡与米芾的人格美。他为西晋吴郡大名士陆机、陆云建祭拜庙宇，以栽植四方名花祭之，取名“乞花场”，并言“我贫，以此娱二先生”，痴的是高士风流。他的“荒腔”启蒙了一代年轻人，如张岱、陆绍珩等。

当年，陆绍珩从吴江松陵镇来拜访陈眉公，由水路乘船也是很方便的。他辑录了一本名人名言集，其中有苏东坡、米芾、唐寅、以及陈眉公等人的言论，他们的精神一脉相承，请《狂夫之言》的作者陈眉公作序，可谓锦上添花。

如果说《围炉夜话》是一部纯正的儒歌的话，那么《菜根谭》就是一本走板的儒歌，而《小窗幽记》则是在荒腔走板上长啸。读本书陆绍珩的自序，看得出他与眉公心有灵犀。他说：“若能与二三知己抱膝长啸，欣然忘归，则是人生一大乐事。”仅看本书十二卷的题目，就知陆绍珩安身立命的趣味，与眉公一样别有怀抱。

《幽梦影》为张潮一人之论，文辞锦绣，以一当十，与《小窗幽记》中的群贤比读，亦无愧之。张潮是语言大师，并以一往情深翘楚。

天给了他才气，他用天眼看世事，事无大小皆文章；神给了他一支笔，所过花草树木、历史遗踪甚至日常琐碎，便都有了醒人精神的仙气；父母给了他仁慈之心，他总能以优雅的反讽、浓缩的诗意、温和的点拨，给予读者精悍的修辞格调，点亮我们惰于惯常的昏蒙。

有人说，《幽梦影》“那样的旧，又是那样的新”，是说常识如故旧，而张潮则能从我们习以为常的故旧中看到新。比如，他看柳，看花，看书，对着四季轮回的旧事物自言自语，却总能提亮人心被蒙尘遮蔽的幽暗处。

他亦痴，直痴如女娲补天遗下的那块石头。他直言不讳：“若无花月美人，不愿生此世界，若无翰墨棋酒，不必定作人身。”既然他对人生抱有如此的乐观，我们就不要辜负他的治愈力。

读他的书也许会因“文过于质”而审美疲劳，可读书总不是一件轻松的事儿。而读“两幽”则更有一种“璀璨的阴影”之华美。

三 ——— 晚明以来士人心灵艺文志

明中叶以后，文坛上流行一股清丽的小品文体，短小精悍，格言款式，说着性灵的话语，句子很甜，像只花丛中的蝴蝶，在生活的花园里吮吸；句子很人性，像个愤世嫉俗的青年，灵魂对肉身的惊异发现，开始放纵一种自我审美的张力；句子很愁苦，像位饱经苦难经验的老人，回忆当年不知苦滋味的鲁莽。而对于这些应接不暇的巨人艺语，再也没有比小品文更为应景的款式了。

张岱有个陶庵梦

汉文化从周公制礼作乐到明末甲申国变，积攒了两千六百多年的风华至明朝末年而绝代。张岱的审美生涯，就是在这样一帧锦如汉赋的终极篇章里徜徉走过的。对汉文化繁复的精致与极致的精美，他那份单纯的沉醉，却表现如饕餮，以他那颗冲破伪道学之后便一发不可收拾的性灵之心，乐此不疲在物欲缤纷的世界里，展示他的名士风流，骚动上流社会追逐名士以及名士手上的长物风流。

可耗尽他倾情大半生的华美，对于大明王朝来说，却不过是回眸的一抹惊艳。1644 年清人入关，大明江山如多米诺骨牌，从北向南最后一块倒在这枚“性灵纨绔”的脚前，他以历史之眼观摩了这场王朝易代的演出。好友苏松总督祁彪佳在杭州沉池殉明，而另一位好友大明的太子少保、户部尚书、文渊阁大学士王铎，与大明的礼部尚书钱谦益，则在清人兵临南京城下时，携手打开城门，亲自迎清军入城。

此情此景，张公子怎么办？张岱没有功名，可以不殉国，也不必殉国，那国不过是一家一姓的朱家王朝，而他的江山在文化，文化的江山里的精华就在他的脑子里、身体里，与他的生命共一体，他要将文化的江山保存下来，传承下去，他还不能死。他在《陶庵梦忆》“自序”中说：“陶庵国破家亡，无所归止，披发入山。每欲引决，因《石匮书》未成，尚视息人世。然瓶粟屡罄，不能举火，饥饿之余，惟弄笔墨。”

去冬还轻裘珍馐，今冬却无钱举火，这种从巅峰跌入深渊的体验，如梦中惊醒，提示他作为兴亡遗续的使命。祁彪佳殉明前，叮嘱张岱不能死，汉人的历史唯张岱这般锦绣人物才能完成。

跌入深渊反而踏实了，就在深渊里写作。记得林风眠先生说的，“我像斯芬克斯，坐在沙漠里，每一个时代皆自誉为伟大的时代。可伟大的时代一个接一个过去，我依然沉默。”

历史呼啸而过，王朝是历史之鞭下的陀螺。

张岱不再恣意放纵，不再叛逆，而是沉浸在深渊里静默观看，回忆思索如梦一般的绝代风华。

对痴人不能说破梦，于是，他痴于梦而将醒沉于梦底。王国维与张岱一样痴，却又绝望于梦醒，于是，将醒沉于湖底。而张岱在梦底，每忆一美，每一忏悔，每一记之，每一泣之。

这期间，他完成了《石匮书》这部重要史学著作，以告慰他的老友祁彪佳。当年他想与祁彪佳同殉大明，老友不允，嘱他汉人的历史要汉人来写，要他活下去，完成《石匮书》。他有这个能力，可以说他甚至比谈迁、全祖望、查继佐更有资格列为“浙东四大史家”之一。

《陶庵梦忆》留住了文化的根，无论阳春白雪，还是市井玩好等诸诸般般，都在他伤心的俏皮绝句里纷纭呈现，一部汉文化两千年的百科全书。

这是一卷张岱手里的“清明上河图”，从十二世纪到十七世纪，从北宋末宣和年到大明末崇祯年，从开封汴梁走到会稽山阴，襟带扬淮、金陵、苏、杭，汉文化走了五百多年的锦绣之路，以其丰赡培养了一批百科全书式的士人精英。

《陶庵梦忆》在前，《红楼梦》在后，张公子的痴狂启示了贾宝玉的叛逆，又无可奈何轮回为世俗观念中的痴癫，最终被逼向出世；而曹雪芹的痛惜与悲悯，则在缅怀张岱那一时代的华彩中萃取并挽留了中国古典风范。一部伟大的作品，必有诗性和人性打底子，表现苦涩的时代之狂。

明代狂人多，“狂”的代表有两位，一位是思想家李贽，另一位是艺术家徐渭，此二人皆以“狂”名世，亦因“狂”而被世人铲除。李贽是狂人的先驱，徐渭是张岱的父辈；李贽要我理我穷，我物我格，其狂若高高山顶行；徐渭则要泼墨大写意，其狂光芒夜半如鬼语。

徐渭去世的第三年，山阴同郡张岱出生。张岱少年时就痴嗜徐渭之狂格，遍访搜集徐渭诗稿，二十六岁时刊印《徐文长诗稿》。狂人陈眉公是张岱的父辈，也是他的忘年交；狂人陈洪绶是张岱形影不离的至交同伴。

清人入关，国变传来，陈洪绶正寓居徐渭的青藤书屋，悲痛欲绝，纵酒大哭。张岱在《陶庵梦忆》里说他这位兄弟，国亡不死，不忠不孝，其实那是在痛责自己。去年还同王铎泛舟杭州水上，谈书论画，转年就看他开南京城门投降清人，以张岱的痴狂，内心将起怎样的波澜？

葬完义士祁彪佳，陈洪绶作陪，张岱在自家府邸，接驾鲁王朱以海，并请鲁王观赏自家戏班演出的《卖油郎》，以此绝唱辞别鲁王，归隐山林，表明自己的决绝心迹。几年后，他的次子欲博取功名，去参加大清顺治十一年的省试，寄身于异族篱下为臣。想来他也别有心情，一种烟波各自愁吧。幸亏还有一座文化的江山，“愁”还有个去处，在《陶庵梦忆》里慢慢纾解。

晚明士人心苦，在资本主义萌芽的商品经济中，他们以放纵寻求自由独立的人格样式，以“痴狂”的天真与稚嫩，从太湖流域啸傲到西湖岸边，以为找到了新时代的自我定位。

“痴”如一盏灯，可以风雨夜行，做一番独特的游历；“狂”如一把火，如一道闪电，如一个霹雳，就如同闻一多诗里说的“爆一声咱们的中国”。但一切还未及成型，便被野蛮打得七零八落，凋零一片了。

文明倒挂了，落后战胜了先进。明亡后，在这巨大的历史时差中，

顾炎武似乎想通了一件事，那就是：亡明可以，不能亡天下。而天下就是中国文化，读书人要守住文化的根，作最后的抗争，天下兴亡，匹夫有责。

《陶庵梦忆》以审美的眼光，一边扫描文化中国，一边留下了珍贵的中国文化之遗产。今天，我们读狂人书，似乎可以触摸到文明的哀伤。

《陶庵梦忆》是晚明繁华世相的一个立此存照，张岱是悲凉的，他披发归隐，不与新朝合作，将生命终止于前朝旧梦中，供后人凭吊。

李渔把生存过成诗

明清之际，历史轰然飚过，尘埃落定之后，新秩序下，人们还得照旧生活。生活与生存不同，生存可以将就，而生活就要讲究；生存遵循自然规律，而生活得遵循价值规律。生老病死是自然规律，荣辱得失是价值规律。李渔在《闲情偶寄》里告诉我们“闲情”是生活，生活是生存的偶得，必须料理好生存，生活的感应频率才会显现，在生存之闲时必须锦上添花，才是人的生活。

不必忌讳锦上添花，“添花”应该是人生的坐标。

李渔的一生，是一介寒士的奋斗史。

他总是涉险于贫困的边缘，起伏如冲浪，但无论浪尖还是谷底，无论前浪还是后浪，他始终会坐在浪尖上，抓住瞬间的峰巅，钟情于生活的审美，沉浸在生活的所有细节与趣味里，顽强地活出品位来。他对生活的挚爱，使他给予《闲情偶寄》的精神基调，是一个不可救药的乐观主义者的执着。他写作，带戏班子演戏，携一大家人游历，品吃、养生、造园子，把一个“芥子园”营造成生存与生活的“两重天”。事实上，有关生活的品位，他都不妥协。

李渔比张岱小十几岁，为同代人，两人时间重叠，但他早于张岱而逝。他们，一个生活在过去的回忆里，一个生活在当下。隐居后，张岱开始写《陶庵梦忆》，直到一百三十年后，西历 1775 年，乾隆四十四年，这本书才面世。而李渔五十六岁时，便开始总结他的戏剧理论和生活美学，着手著《闲情偶寄》，1671 年刻印全稿，与张岱的《西湖梦寻》同年付梓。看来，李渔没有读过《陶庵梦忆》，甚至在写作《闲情偶寄》时，亦未睹《西湖梦寻》。而张岱则有可能知道或看过《闲情偶寄》？不知两人是否有过交集，以张岱对戏曲的痴，不会不知道李渔，他在《陶庵梦忆》里说：“余尝见一出好戏，恨不得法锦包裹，传之不朽。尝比之天上一夜好月，与得火候一杯好茶，可供一刻受用。”这说明他们“性相近”呐，也许他们因生活于不同圈子而“习相远”。一个是富家纨绔，一个是乡里村娃，习惯必然霄壤。

李渔萍寄杭州发展时，张岱在绍兴快园隐居，还时常泛游西湖。不过，那时张岱已经隐逸，写作、挑水、莳田；而李渔正一边游走于达官贵人的府邸讨生活，一边在市场里寻求安身的方寸，以他有骨有节有性灵的审美原则，才不至沉沦于“唯物”的生存。

李渔身上有市井气，这是张岱不具备的。李渔是金华兰溪伊山头村人，游埠溪从村里流过，舟行数里，就到了游埠镇码头。码头，唐初就建了，唐代诗人戴叔伦曾放棹兰溪，有诗句“兰溪三日桃花雨”，此后有几位大诗人都来过。小时候，李渔常从游埠镇码头乘船到衢州看各种戏班子演戏。那时，镇上百业兴旺，码头有“三缸”（酱、酒、染）、“五坊”（糖、油、炒、磨、豆腐）、“六行”（米、猪、药、茧、竹木、运）、“十匠”（铁、锡、铜、银……）等，四方贾商云集。

中国士人一般都会自带诗文气，而对市井气则避之唯恐不及。一介寒士在体制外生存，必须有市井气。李渔就是这样，可以建园造景，可以自带戏班子，亦可写畅销书。不愉快就迁徙辗转，把一个大家庭背在肩上，或建在书斋园林中，一家人过着自由平等真爱的生活，艰难的生活硬给他过成了一首有结构的诗。

《陶庵梦忆》也写市井玩好，但那是“隔岸观火”式的观察与审美，而李渔则生活其中，被人以“俳优”鄙之。张公子是真“闲情”，他有富庶的家底和才情供他尽情挥霍，而李渔则是忙里偷“闲”，对他来讲，忙是生存，“闲”是生活，生活是精神和心灵上的闲暇，他只要有才情一项技能仅供差遣就够了。他没有像张岱那样披发归隐，而是选择了剃发，他把头发上交了大清王朝，算作“人头税”，同时，他把大脑以及情感与思想，作为“投名状”入伙了文化的江山，他要在文化的江山里艺术地活着。总之，李渔和张岱各持各的人格操守，各有各的命运吧。

汉文化到晚明的精致样式，定格在《陶庵梦忆》里，又在《闲情偶寄》里鲜活。林语堂说《闲情偶寄》可以看作是新一代中国人艺术生活的指南。

李渔还有一股豪杰气，一生结交很多朋友。在南京与曹雪芹的曾祖江南织造曹玺有走动，与曹雪芹祖父曹寅是忘年交，看来在《红楼梦》之前，那些经历易代的士人，不约而同对即将终结的晚明文化进行了一次重启式的彩排。如果说“重启”是一次文艺复兴的话，那么《红楼梦》则是这一次彩排的伟大成果。

沈三白浮生沧浪

北宋庆历年间，一位诗人在体制内很郁闷，便从开封府往“水是眼波横，山是眉峰聚”的锦绣江南去，在江枫渔火处，购得一园，开始经营起自家的精神据点。

诗人临水筑亭，心似沧浪，故名之曰“沧浪亭”，自号“沧浪翁”，此乃苏子美也。

此后，光阴似箭，穿越了两三个王朝，又来了一介布衣书生，姓沈，名三白，身旁还有一位女子，亭亭玉立，眼色纤纤地落在潮湿的苔藓、古树皮的褶皱中，如惊鸿一瞥，那便是芸娘了。

俊男美女，轻罗小扇，借住于沧浪亭，伏于窗前月下，清风徐来，暑气顿解，品花赏月，其乐何之！

十八世纪的沧浪亭，还是可以登叠石远眺的。中秋日，三白携芸娘登亭赏月，晚暮炊烟四起之际，二人还可以极目四望，见西山，水连天，一片疏阔。

三白时时慨呼：“幸居沧浪亭，乃天之厚我！”芸娘也常叹：“自别沧浪亭，梦魂常绕。”那时三白困窘，倒也闲暇清淡，卖画为生，布衣蔬食，有芸娘相伴，可谓知己，然而，人有病，天知否？

沈三白，略晚于曹雪芹，两人身世、性情相似，都能诗会画，一个写了《浮生六记》，一个作了《红楼梦》，都有凄美的爱情故事，滋生在情感的原始湿地里，过着远离清廷体制的性灵生活。《浮生六记》中的“闺房记乐”，带给读者对爱情的审美寄托，不输于《红楼梦》的“宝黛”悲剧。沈三白与妻子芸娘， 在沧浪亭里浮生，烹茶煮字，品花赏月，日子虽时有捉襟见肘，但他们物欲不高，日子过得如诗如画。三白喜谈《战国策》和《庄子》，前者是入世的，后者是出世的。芸娘也有自己的审美，她说学“杜诗之森严，不如学李诗之活泼”，根性里与夫君心有灵犀。

“人弃我取”是三白的生活美学观，他和芸娘的居所，名之为“我取轩”。可惜，怎奈红颜薄命，芸娘独自西去。三白笔下，不依不饶的悼亡，将芸娘兰心蕙质、典雅朴素的气度美，定格为中国文化对女性审美的标杆。

十九世纪末，王韬的妻兄在苏州的一个冷摊上，发现了沈三白的这本自传残稿，经王韬之手，《浮生六记》。才得以流传后世。不知这位三白公子是怎样倾慕李白，反正，他以自己的一生，诠释了“浮生若梦，为欢几何”的诗眼人生。

三白只是记录自己的生活方式，而我们看到却是一介布衣可供审美的自选集。人在“沧浪”中浮生，不仅可以像苏子美那样高蹈隐居，还可以像沈三白这样平淡地过日子。

林语堂读罢《浮生六记》叹曰：芸娘之美不可及。曹聚仁云游至沧浪亭，忽有所悟，叹息道：在那样精致的曲榭中，住着沈三白这样的画家，配着陈芸这样的美人，是一幅很好的仕女图，只有在工笔画里才能看到。

读《浮生六记》如品古画。

上大学时读丹纳的《艺术哲学》，厚厚的一大本。只记得被一句话如电火行空般击中，大意是每个人内心都会为艺术留有一小块方寸之地，只是看你有没有发现它。那一刻我发现了它，那蒙尘已久的对美的冲动就这样被擦亮了。是丹纳打开了我的审美天窗，使我坚信美与生俱来，是人性的元色，真善的底色。

读书，知性的参悟与知识性的了解是不同的，也许就是一个缘吧。我想，这十七本书以及它们的作者，都拥有一句话的审美启迪之力，阅读它们，得之一体一言足矣。

译者序

袁枚（1716年－1798年），字子才，号简斋，晚年自号仓山居士、随园主人、随园老人。浙江钱塘（今杭州）人，祖籍浙江慈溪，清代乾嘉时期著名诗人、散文家、文学评论家和美食家。主要传世的著作有《小仓山房文集》《随园诗话》《随园食单》以及笔记小说集《子不语》《续子不语》等。

位于南京小仓山的随园，是袁枚三十三岁辞官后隐居之所，据说是江宁织造曹寅家的故址。后来曹家被抄，其在江南的房屋及土地全都被赏赐给了新任江宁织造隋赫德，袁枚任江宁知县时，又用三百金从隋赫德家购得小仓山的废园，精心修葺之后，更名为随园。就这样机缘巧合地，袁枚住进了《红楼梦》里大观园原型的故址。袁枚只比曹雪芹小一岁，有据可考，他终其一生都没有读过《红楼梦》，但他晚年从一位朋友（明我斋）那里知道了此书，并获悉“其所谓大观园者，即今随园故址”。于是他想当然地认为，曹雪芹乃曹寅之子，是一位比他年长一百岁的前辈，而所谓《红楼梦》应该是一部关于妓女的小说，并在《随园诗话》中记载一笔：“其（注：指曹寅）子雪芹撰《红楼梦》一部，备记风月繁华之盛。明我斋读而羡之。当时红楼中有某校书（注：即妓女）尤艳，我斋题云：‘病容憔悴胜桃花，午汗潮回热转加。

犹恐意中人看出，强言今日较差些。’”虽然是天大的误会，但还是留下了“雪芹撰《红楼梦》一部”这么重要的信息。后来胡适在《红楼梦考证》中，主要是以袁枚此话为依据来确定曹雪芹为《红楼梦》作者的。

说完了“随园”，再来说“食单”。《随园食单》虽然不是中国最早的饮食专著，但它是对后世影响最深远的。原因很简单，和前人们比起来，袁枚才是最关注食物味道的人。前人写了那么多饮食著作，都是在借饮食而言其他，谈礼仪者有之，谈文化者有之，谈养生者有之，就是没有人真正在乎食物的味道如何。李渔在《闲情偶寄》中有一部分是专门写饮食的，但说实话，其价值远不及《随园食单》。李渔写饮食的目的，是为了提倡节俭和复古，亲蔬菜而远肉食，生怕人们管不住自己的嘴，耽于口腹之欲。他将那些详细介绍了做菜方法的饮食著作贬为“庖人之书”，“乌足重哉”。结果一百多年后，袁枚便写了这样一部“庖人之书”，不仅更重视食物的味道，还结合自己四十年的美食实践，一口气介绍了三百多种美食的做法，为后人留下了一笔宝贵的饮食文化遗产。三百多种美食被袁枚详细地分门别类，非常系统，且便于检索、查阅。同样分门别类地介绍了三百多种食物的制作方法的食谱，还有明代戏曲家、养生家高濂的《遵生八笺·饮馔服食笺》，但二者的文风却截然不同，《饮馔服食笺》中多的是“实气养血”“温暖脾胃”“滋阴润肺”等关于养生效果的描述，而相比起来，时常跳出“甘鲜异常”“鲜嫩绝伦”“酥脆软美”等捕捉口感与味道的词汇的《随园食单》就显得美味多了。

笔者五六年前初读清代笔记小说，随兴所至，试着将一些喜爱的篇目翻译成现代汉语，那是我第一次尝试“文译白”，初衷只不过是想把那些有趣的人、物、故事用我熟知的语言再讲述一遍，姑且把它作为一种写作上的语言训练。当时选译的篇目中就有很多来自袁枚的《子不语》和《续子不语》（又名《新齐谐》和《续新齐谐》）。有两篇印象特别深刻，一篇写房山有兽，名为“貘”，喜欢吃铜铁，经常偷老百姓家的铁质农具吃，连城门上包着的铜皮也被它啃得精光。这本是古代笔记小说中常见的怪力乱神、洪水猛兽，但让我印象深刻的是袁枚对这种怪兽的吃相的描写：一见到金属就流口水，吃起来就像吃豆腐一样。这样的句子本身就是有味道的，读到这两句，一点也不难理解为什么貘喜欢吃铜铁，因为铜铁就是它的美食。还有一篇叫《狼军师》：某天傍晚，某人赶集回家的路上，险遇狼群，他爬上路旁的一堆柴垛，居高临下，群狼除了将他围困之外，毫无办法。这时几匹狼从队伍中离去，不一会儿像抬轿子一样抬来了它们的军师——一只似狼非狼的动物，因为后腿太长无法站立、行走，所以只能靠狼抬；但是它比狼聪明，会给狼支招，教它们用嘴从柴垛底下将柴一根根地叼走，这样柴垛自然会坍塌。幸好，这时路过的樵夫们一齐呐喊着冲过来，吓跑了狼群，解救了被困者。有意思的是，狼群在逃跑的过程中，根本顾不上它们的军师，后者因为无法站立和行走，只能坐以待毙。小说的最后一句是：几个人将它抬到村前的酒肆里，煮了吃了。这又是非常有味道的一句，倒不是我能想象出这只“狼军师”吃起来是什么味道，而是说我脑海中能浮现出当时的画面：夜幕中，酒肆的窗口透出灯光，灯光下，热气腾腾的肉食已经端上了桌，惊魂未定的被救者与救命恩人们一一碰杯，大口吃肉，喧声谈笑。

我并非美食爱好者，亦非厨艺爱好者，面对美食，我有时也会分泌唾液，但阅读那些散发出美味的句子时，我总是会分泌多巴胺。我喜欢那些对人类饮食的文学化描写，它冲淡了我们面对食欲时所谓“性也”的自我辩解色彩，而赋予了该欲望“美哉”“善哉”的价值——我想这也是我不自量力，欣然接受出版社的邀请翻译《随园食单》的原因之一吧。

而原因之二，作为译者，我肯定没有将《随园食单》看得那么宝贵，否则背负着“毁经典”的压力，定然不敢从容下笔妄译。相反，由于此次翻译的几本书中，最先译的就是《随园食单》，所以在翻译它的过程中，我非常放得开，没有抱着我面对的是一部中华饮食文化宝典的心态逐字逐句地拘泥于原著，而是更多地将它当作一部文学作品，尽量使译文更符合现代汉语的表达需要，有时为了使译文整体上读起来更加自然流畅，甚至不惜改变原著中句子的先后顺序。这种自由创作的心态，在后面几本（《浮生六记》《遵生八笺》《闲情偶寄》）的翻译过程中，慢慢消失了，因为我逐渐感受到了来自“经典”的压力，从而变得更加小心谨慎。

目　录

海鲜单

江鲜单

特牲单

3

杂牲单

羽族单

水族有鳞单

水族无鳞单

5

杂素菜单

6

小菜单

7

点心单

饭粥单

茶酒单

序

写诗的人赞美周公礼制，写的是“笾豆有践”❶，恨凡伯昏庸无道，写的是“彼疏斯稗”❷。古人之重视饮食由此可见一斑。又如：《周易》语涉“鼎烹”，《尚书》言及“盐梅”，《论语·乡党》《礼记·内则》亦屡论吃，诲人不倦。孟子虽不齿于口腹之欲，可他又说，饥不择食、渴不择饮，以为吃到嘴里的都是美味，其实是饥渴蒙蔽了他们，让他们对饮食失去了正确的认知。可见饮食非儿戏，一箪食，一豆羹，都必须深究其中奥义，不是嘴上说说那么容易，非孜孜以求而不能。《中庸》曰：“人莫不饮食也，鲜能知味也。”《典论》曰：“一世长者知居处，三世长者知服食。”古人在祭祀时，不管是敬献一块鱼肉，还是分割一片猪肺，那都不是乱来的，必须严格遵照既定的准则和方式行事。

❶ 笾豆有践：语出《诗经·豳风·伐柯》，意思是将餐具摆放得整齐有序（准备设酒宴迎娶心爱的女子）。《伐柯》一诗描写西周的聘娶婚制，年轻男女结婚，必须通过媒妁才合乎礼制。全诗并未直接提及周公，故此处不能译成“赞美周公”，而是赞美周公确立下来的西周礼制。

❷ 彼疏斯稗：语出《诗经·大雅·召旻》。整句为：“彼疏斯稗，胡不自替？”意思是老百姓只能吃粗粮（疏），而他凡伯却吃着精米（稗），这样的君主，怎么不自黜王位呢？

孔子遇到善歌者，一定会请他多唱几遍，然后再跟着他学唱。圣人如此虚心好学，善于从一切能人那里获得方法，就连区区一名歌者都不放过，令我十分佩服。

所以每当我在别人家里大饱了口福之后，一定会遣我家的厨师登门讨教，向人家的厨师虚心学习。四十年来，收获了不少美食的制法。有的是完全掌握了的，有的学会了大半，有的只拾得点皮毛，也有的竟已失传。但不管怎样，我都会询问每道菜的制法，然后谨以笔录，集成一册便于留存。虽然不乏一语带过，但至少也记载了曾在谁谁家吃到过某某美味，以示崇敬。自认为好学之心，理应如此。诚然，方法是死的，人是活的，即使名家写的书也未必全对，所以求知习技不能仅凭纸上得来。然而，有过来人总结出来的章法作为参照，行起事来毕竟要方便一些，也不会出什么大的差错。哪怕是临时抱佛脚，也总好过束手无策。

有人说：“人心不同，各如其面。你个人的口味又怎么能代表天下人的口味呢？”我说：“《诗》曰：执柯伐柯，其则不远。握着斧柄去伐木，做成另一把斧柄，这难道还需要去强调此柄与彼柄的差别吗？就算有差别又能有多大呢？是的，我的确不能强求天下人的口味都和我一样，但我也没办法变成他们去感受他们的口味呀，所以姑且只能推己及人罢了。饮食之事虽小，然而我尚能忠实于自己的感受，同时亦能推己及人，兼顾他人的感受，也算是尽心尽善了，并不觉得有何不妥。”至于《说郛》所载的三十余种饮食书目，陈继儒、李渔关于饮食的不切陈言，我也亲自照本尝试过，但未免也太惨不忍睹、难以下咽了吧！大半都是穿凿附会，这知识分子的臭毛病，我实在是包容不了，恕不采纳。

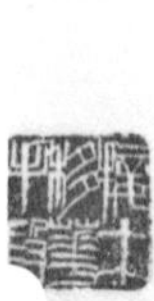

须知单

学问之道，先知而后行。饮食也是如此。作《须知单》。

先天须知

食物皆各有天性，正如人之禀赋有别。《论语》中所谓“下愚不移”之人，即使孔、孟亲自来教他，还是不能成大器；而天性顽劣的食物，哪怕请最好的名厨掌勺，食之终究无味。大抵来说：猪肉宜皮薄，不能有腥味；鸡不要太老的，也不要太小的，肉嫩的骟鸡最相宜；鲫鱼以身子扁、肚皮白者为佳，若鱼背乌黑，装在盘中必然硬邦邦的；鳗鱼要看生长环境，最好的鳗鱼都是在湖泊、溪流中游泳长大的，江鳗则往往骨乱刺多，差矣；稻谷喂养的鸭子，肉是白的，很肥；沃土长出来的笋，节较少，味更鲜甜；同样是火腿，味道的好坏却如有天壤之别；同样是鱼干，吃到嘴里竟判若云泥。这都是它们的天性禀赋使然，其他食物，亦可类推。如此看来，每一桌佳肴，除了厨师的六分功劳，还有四分得归采购的人。

作料须知

作料之于厨师，好比衣服首饰之于女人——女人再漂亮，再会装扮，如果穿得破破烂烂，哪怕是西施也很难装扮得好看。一个厨

白石老人

师，若善于烹调，他用酱一般会选用伏酱，还要先尝一尝味道是否正宗；用油则选用香油，并且知道什么时候用生油、什么时候用熟油；用酒当用酒酿，必先滤净渣滓；用醋乃用米醋，须确保醋汁清冽。而且，酱又分浓酱和清酱，油又分荤油和素油，酸酒有别于甜酒，陈醋不同于新醋，丝毫都不能含糊。至于其他的作料，譬如花椒、桂皮、葱、姜、糖、盐，虽用得不多，也都应该选最好的用。苏州的店家所售秋油，便分为上、中、下三个等级。镇江醋颜色虽好，但是酸味不够，已经偏离了醋的主旨。最好的醋应该是板浦醋，其次则是浦口醋。

洗刷须知

谚语云：“若要鱼好吃，洗得白筋出。”可见，清洗食材很重要。不仅要把燕窝内残存的毛絮、海参上附着的泥土、鱼翅里混杂的沙粒以及鹿筋散发出来的臊味，等等，清洗干净，还要剔除食材本身的糟粕。《礼记 · 内则》写道：“鱼去乙，鳖去丑。”意思是说，像鱼的颊骨、鳖的肛门，都必须摘除出来扔掉，以免败坏了整道菜。猪肉上面的筋膜影响口感，清洗时应顺便剔除，入口更松脆。鸭肉的腥臊来自肾脏，只要割净就好了。剖鱼的时候，

鱼胆不能破，不然全盘皆苦。鳗鱼体表的涎液，不能有丝毫残留，否则满碗皆腥。韭菜靠摘，摘去两侧的老叶，留下中间的嫩茎；而白菜用剥，弃除边叶，直取菜心。

调剂须知

调剂之法，没有定法，因菜而异。有的菜要用酒煮，而不能用水，有的菜则需水煮，而不得加酒，还有的菜须酒、水并用。有的菜只用清酱无须用盐，有的菜则只用盐而不用酱，还有的菜则必须盐和酱一齐用。有的食物太腻，要先用热油煎炸；有的气味太腥，要先用白醋腌渍；有的菜须用冰糖提鲜；一般煎炒的菜品，不宜留汁，以便锁住食材的本味；而那些清香之物，则可以为汤，好使其体内的香味完全散发出来。

配搭须知

谚语云：什么女嫁什么汉。《礼记》曰："儗人必于其伦。"——把一个人放到他的同类中去，才能看出他的端倪来。食物的搭配也是如此。每烹调一物，总需配些辅菜佐料，就好比男女的结合，

同类配同类，方能夫妇和睦。所以主材和辅料的搭配，也应当遵循清淡配清淡、浓重配浓重、柔和配柔和、刚烈配刚烈的原则。就荤素的搭配而言：蘑菇、鲜笋、冬瓜，可荤可素；葱、韭菜、茴香、新蒜，只适合佐荤菜，而不宜配素菜；芹菜、百合、刀豆，跟素菜一起炒很好，与荤菜则不搭。经常有人往鸡肉、猪肉里面添百合，也有人吃燕窝竟然还放蟹粉，这岂不是逼唐尧与苏峻为伍，还有什么比这更荒唐的吗？当然，有的时候又必须交互使用才好，譬如炒荤菜用素油，炒素菜则用猪油。

独用须知

味太浓重的食物，无须配菜，宜单独烹饪。好似李赞皇、张江陵这类强势人物，必须专才专用，方可人尽其才。食物中，也有强势者，譬如鳗鱼、鳖、蟹、鲥鱼、牛、羊，都最好寡吃，不可搭配他物。究其原因，这几样食材的味道又醇又冲，鲜美中还夹杂着腥膻等邪味，十分难以驾驭，必须用五味调料全力矫正，才能在保留其鲜美的同时去其邪味。做到这点已经很不容易了，哪还有工夫去顾及配菜，岂不是自找麻烦？金陵人喜欢以海参配甲鱼、鱼翅配蟹粉，我看到就会皱眉头。把这几样掺和到一起，不仅各自的鲜美无法叠加，反而还会沾染上彼此的腥气，真是成事不足，败事有余啊！

火候须知

厨艺好不好，关键看火候。有的菜须用武火煎炒，火力太小，则疲软不脆。有的菜须用文火细煨，火势太猛，则容易烧干。有的菜需要慢慢地收汁，若用猛火急炒，则表面易焦而里面难熟，所以必须先用武文而后用文火。有的菜，譬如腰子、鸡蛋之类，越煮越嫩；而有的菜，譬如鲜鱼、蚶蛤之类，稍微一煮就老。尤其是鱼肉，起锅稍迟，便如嚼死肉；而猪肉起锅太晚，则肉色发黑。频繁地开启锅盖，则浮沫多而香味少；还有熄火之后再开火续烧的，往往走油而失味，这都是不谙火候的表现。须知道家修炼，非九转不能成仙丹，儒家视过犹不及，必以中庸为度。而身为厨师，也必须火候精到，慎重地烧好每一道菜，若能做到这一点，那他离得道也不远了。一盘鱼肉上桌，色白如玉，夹之不散，说明是新鲜的鱼；如果白若脂粉，而且一夹就碎，乃死鱼肉也。明明是鲜鱼，却因为火候不精，把它做成了死鱼肉——这样的厨师，可恨至极。

色臭须知

眼睛和鼻子，既是口舌的邻居，也是媒介。珍馐佳肴端上桌来，目观其色，鼻闻其香，便知不同凡响——看这道菜净若秋云，那道菜艳如琥珀，更有一股芬芳之气扑鼻而来，何必等到吃进嘴里方觉味美？然而不可舍本逐末，粉饰色香，代价是伤味。为了色泽鲜艳而多用糖炒，为了芳香扑鼻而妄加香料，这样讨好鼻目，最终损害的是舌头的利益。

迟速须知

请客吃饭，一般都会提前几天邀约，时间宽裕，尽可以多办一些大菜。可若是家里突然来了客人怎么办？这边厢马上就到饭点了，那边厢很多食材还得临时去采购，上哪去给他端个十大碗八大盘的来，只好赶紧炒几个快菜，先填饱客人的肚子再说。还有一种情况，人在旅途中，舟车劳顿，肚子早就饿得咕咕叫了，好不容易找着一家饭店，当然希望能赶紧吃上一顿热饭热菜，味道可口便成，而无须什么山珍海味、水陆毕陈，毕竟远粮难解近饥。所以，必须预备几种“急就章”菜式，像炒鸡片、炒肉丝、炒虾米豆腐，以及糟鱼、火腿之类的因其快速而讨巧的菜，作为厨师，不可不会。

变换须知

一物有一物的味道，不能混为一味。孔子门徒众多，尚能因材施教，不拘一格，正所谓“君子成人之美”。有平庸的厨师，动辄将鸡、鸭、猪、鹅一同丢到汤里去煮，结果当然是千篇一律地难吃。如果鸡、鸭、猪、鹅泉下有知，恐怕也会到阎罗殿去喊冤告状吧！会做菜的人，处理不同的食材，一定会变换着使用不同的锅、灶和餐具，使每一样食材都只做它自己，使每碗各成一味，吃的人舌尖应接不暇，自然心花怒放。

器具须知

古人说，美食不如美器。确实如此。然而，明宣德、成化、嘉靖、万历诸窑的瓷器过于名贵，生怕损伤，不如就用本朝御窑，便已经足够雅丽了。只是有一点：应该根据菜式的需要选择合适的餐具，该用盘装则用盘装，该用碗装则用碗装，盘、碗该大则大，该小则小，如此大小相间、器形参错，定能摆出满桌的活色生香。而不必拘泥于所谓的“十碗八盘”，那未免太不变通了，很容易落入俗套。一般来说，装名贵菜肴的餐具须大，装廉价食物的餐具宜小；煎炒的菜式宜用盘或铁锅来装，煨煮的菜式宜用砂罐，汤羹则宜用碗盛。

上菜须知

给客人上菜，应该先上盐味重的菜，后上盐味淡的菜；先上味道浓厚的菜，后上口味清淡的菜；先上没有汤汁的菜，后上汤汤水水的菜。而且，不能所有菜都是咸的，估摸着客人吃得有点饱了，喝得有点多了，酒足饭饱则脾困胃乏，这时就应该上点辣的菜刺激一下他的食欲，上点酸味甜味让他醒酒提神。

时节须知

夏季日长而炎热，活物不能宰杀太早，否则肉容易变味。冬季日短且寒冷，烹饪的时间不宜太短，否则食物难熟。冬天适合吃牛、羊，改为夏天吃，便不合时令。夏天适合吃干肉，改为冬天吃，也不合时令。至于作料，夏天宜用芥末，冬天宜用胡椒。有些原本稀松平常的食物，特别适合反季节吃，那感觉又不同往时，竟像拾到至宝似的，譬如三伏天吃冬腌菜、秋凉时吃行鞭笋，虽非名肴却胜似珍馐。还有些时令菜，最好吃的阶段却是其时令的“头”或“尾”，譬如三月吃鲥鱼，别人还没开始吃；四月吃芋艿，别人早已经吃腻了。其他食物亦可类推。还有过了时令便不能吃的，譬如萝卜过了时令则空心，山笋过了时令则味苦，刀鲚过了时令则骨硬。所谓“四时之序，成功者退”，不同的季节促使不同的食物成熟，当食物的精华流尽，该季节的任务也宣告完成，于是功成身退，让位于下一个季节。

多寡须知

用名贵的食材，宜多；用廉价的食材，宜少。煎炒的菜式，分量大则火力不透，肉不松脆。所以一道菜里，猪肉不得超过半斤，鸡肉、鱼肉不得超过六两。有人说了：吃了不够怎么办？很简单，宁可吃完再炒，也不要一次炒那么多。有宜少的，便有宜多的。白煮肉就越多越好，没有二十斤猪肉，都觉得淡而无味。煮粥也是，非得一斗米下锅，浆汁才会浓稠，还得控制水量，如果水多米少，同样会味道寡淡。

洁净须知

切完葱的刀，不可以切笋，捣过辣椒的臼，不可以捣面粉。菜里面有抹布味，那是抹布没洗干净；菜里面有砧板味，那是砧板没刮干净。所谓“工欲善其事，必先利其器”，好的厨师，必先多磨刀、多换布、多刮板、多洗手，而后做菜。至于吸烟时产生的烟灰，头上的汗汁，灶上的蝇蚁，锅沿的烟煤，一旦落入菜中，纵有绝好厨艺，亦好比“西子蒙不洁，人皆掩鼻而过”矣。

用纤须知

豆粉俗称“纤”，“拉纤”的“纤”，顾名思义，譬如做肉丸容易散，做汤羹不够黏稠，所以要用豆粉来“牵线”撮合它们。煎炒时，考虑到肉片容易粘锅，一粘锅必然外焦里老，所以要裹上一层豆粉来保护它们。这就是“纤”字的本义。厨师做菜，什么时候该用纤，想一想“纤”的字义就明白了，若解释得通，说明用得恰当。否则乱用一通，只会将菜做成一锅糨糊，甚是可笑。《汉制考》一律管曲麸叫作“媒”，媒就是纤。

选用须知

小炒肉用后臀肉，做肉丸用前夹心肉，煨肉用五花肉，炒鱼片用青鱼、季鱼，做鱼松用鲩鱼、鲤鱼，蒸鸡用雏鸡，煨鸡用骟鸡，煲鸡汤用老鸡。鸡选母鸡肉才嫩，鸭选公鸭膘才肥。莼菜取菜头，芹菜、韭菜取嫩茎。以上为选用食材的不二法门。其他食材亦可照此类推。

疑似须知

味道要浓厚，但不可以油腻；味道要清鲜，但不可以寡淡。两种疑似之间，差之毫厘，谬以千里。所谓“浓厚”，是指在去其糟粕的前提下，尽量挖掘食物原味的精华。如果只是贪图肥腻，不如尽吃猪油好了。所谓“清鲜”，是指将食物的真味烹出即可，而不需妄加调料。如果一味追求寡淡，不如直接喝白开水。

补救须知

名厨做菜，往往能一步到位，不仅咸淡合宜，而且老嫩适中，并不存在补救一说。但是没办法，毕竟一般人都达不到名厨的水平，还是有必要给他们说一说补救的方法。调味不怕太淡，就怕太咸，淡了可以加盐补救，而太咸则无法使其变淡。蒸鱼不怕太嫩，就怕太老，太嫩可以加把火候补救，而太老要变嫩则无力回天。此中关键在于下作料时别太咸，静观火候以防太老，做到这两点便无大碍。

本分须知

满洲菜多为烧煮，汉人菜多为羹汤，只因习俗不同，他们自幼学做的便是这些菜，所以也都十分擅长。在以前，不管是汉人宴请满人，还是满人宴请汉人，大家都会拿出自己最擅长的手艺，使客人得以一尝新鲜，却不至于邯郸学步。而今人为了格外地讨好宾客，竟忘了自己的本分，以至于汉人宴请满人，用满菜，满人宴请汉人，则用汉菜。其结果，不管是满人做的汉菜，还是汉人做的满菜，都只是看着像那么回事，其实不过有名无实、画虎不成反类犬罢了。好比秀才入考场，若能专做自己擅长的文章，做到极致时，何患怀才不遇。如若遇着一位宗师便模仿其文风，再遇着一位主考官又模仿其文风，彻底地失去了自我，那必然屡试不中呀！

16

戒单

执政者，为民兴一利，不如为民除一弊。治饮食者，若能除饮食之弊，则功成在望矣。作《戒单》。

戒外加油

有平庸的厨师，动辄熬一锅猪油，临上菜时舀一勺，每道菜上都浇一点，以为天下美味尽在肥腻。甚至连燕窝这样极其清新的食物，也难逃被玷污的命运。而那些无知的食客，还就好这一口，狼吞虎咽，像上辈子没吃饱似的，总觉得要多吃些油水进去，心里才踏实。

戒同锅熟

一锅同煮的弊病，请参看《须知单》中《变换须知》一条。

戒耳餐

什么叫“耳餐”？所谓“耳餐”，即博取名声之意，所用的名贵食材，都只是为了显摆主人的实力，夸耀主人敬客的诚意。所以，是为取悦耳朵而设，而不为一饱口福。他们不知道，豆腐若做得好，亦远胜于燕窝；海鲜若非上乘，尚不如蔬菜和笋。我还说过，鸡、猪、鱼、鸭都是肉中豪杰，凭一己之味，便可独立门派；而海参、燕窝，乃平庸陋俗之辈，寄人篱下，全无性情。我见过某太守宴客，缸大的碗，内盛白煮燕窝四两，丝毫无味，可是客人却争相夸赞。我笑道：“我们只是来吃燕窝的，又不是燕窝贩子。”既然食之无味，再多又有何用？如果只是为了体面，不如放一百颗珍珠于碗内，就算吃不得吧，至少称得上价值连城。

戒目食

什么叫“目食”？所谓“目食”，即贪多之意。今人贪慕那“食前方丈”的虚荣，每食必求菜品繁多，多到桌子摆不下了，就将盘碗叠起来摆，这都是为了看着过瘾，而不为一饱口福。他们不知道，再好的书法家，多写必有败笔；再好的诗人，洋洋洒洒必出破绽。而即便是名厨，心力也非常有限，一天之内，最多只能做出四五道好菜，且须发挥得好才行，你让他如何保证那堆叠起来的盘盘碗碗里全都是美味？就算多请几名厨师来帮他，那也是各怀己见，全无纪律，只会越帮越忙。我曾做客于某商人家，席间换了三桌菜，加上十六道点心，菜品竟多达四十余种。主人倒是挺洋洋得意，而我散席后仍饿得不行，回到家里还得煮粥来充饥，可想而知，如此丰盛的宴席，其菜品有多不干净了。南朝孔琳之说："今人喜多置菜肴，除了以飨口福，更多只是为了愉悦双目而设。"我认为，肴馔横陈，腥臭相熏，实在也没什么可悦目的。

戒穿凿

顺从食材的本性，相信它们都是上天的杰作，所谓"无为自成"，并不需要过多人为因素的介入，更不可以穿凿附会、妄加改造。譬如燕窝，天生佳品，何必多此一举捶打成丸子？又如海参，自成尤物，何必画蛇添足熬制成酱料？西瓜切开之后应该尽快吃掉，稍微放一放就不新鲜了，可是有人却偏要将它制成糕点；苹果本来是生一点的好，太熟口感就不脆了，可是有人竟然还要将它蒸熟制成果脯。其他的，像《遵生八笺》里的秋藤饼，李笠翁的玉兰糕，全都是矫揉造作，完全背离了事物的本性，有悖于常理。好比日常的德行，做到家便是圣人，又何必索隐行怪，以显示自己情调高雅？

戒停顿

品尝菜肴要在刚起锅时，味才鲜美，略为搁置，美味已成残羹。

我见过一位性急的主人，每回设宴总要将菜肴一次搬出。于是厨师想了个办法，提前将整席的菜全都做好，再放入蒸笼中热着，主人一催上菜，便可以即刻上齐。然而，这一桌子的“剩菜”未必会好吃。会做菜的厨师最怕碰到这种不会吃的食客，你一盘一碗都费尽了心思，可他却只管囫囵吞下，根本不解其中味，正所谓得了哀家梨，却拿它蒸着吃。我到粤东时，曾在杨兰坡明府家中吃到一道令人难忘的鳝羹。我问杨明府：“怎么会这么好吃？”他答道：“不过是现杀现煮，现熟现吃，不停顿而已。”凡菜都如此。

戒暴殄

为何要戒暴殄，不是常人认为的“啊，我们要爱惜粮食、积福积德”，不是这个意思。如果暴殄对饮食确有帮助，那我也没什么好反对的。问题是，它费力还不讨好——对于人力是一种消耗，对于饮食是一种损害，那又何苦呢？譬如鸡、鱼、鹅、鸭，从头到脚各具风味，没必要将这个也摘除，将那个也割弃。我见过有人煮甲鱼，专取裙边，可明明甲鱼肉才是最好吃的。还有人蒸鲥鱼，只要鱼腹，殊不知鲥鱼之至鲜在鱼背上。即便像咸蛋这样卑微的食物，也不能只吃蛋黄，蛋白便扔掉，虽然它好吃的部分确实在黄不在白，但没有了后者的对比与衬托，前者吃起来也顿觉索然无味。总之，我反对暴殄天物，是为了有益于饮食。至于在炭火上活烤鹅掌，执利刃生取鸡肝，这就是人品的问题了，即便真的好吃，也不应该这么做。鸡、鹅等物，养了就是给人吃的，为了饱腹，你可以宰杀它，但让它生不如死、求死不得，这不是正人君子的所作所为。

戒纵酒

只有清醒的人，才能辨别是非对错；也只有清醒的人，才能品出味道的好坏。伊尹说："美味的精细与微妙，是语言无法描绘的。"语言尚且不能描绘，岂有喝得醉醺醺的酒徒，懂得品味美食的？你看那些划拳酗酒的人，心思早就不在菜上了，因为任何好菜吃在嘴里，都如嚼木屑。对于他们来说，喝酒才是正事，天塌下来都不管的，"饮食之道"更是被他们踩在了脚下。当然，并不是说一定不能饮酒，只是吃菜的时候就好好吃菜，撤了席你爱怎么喝都行，这样两不相误，岂不更好？

戒火锅

冬天宴客，习惯用火锅，一锅滚汤对着客人，“咕嘟咕嘟”沸腾不休，这就够讨嫌了；更何况，不同的食材对火候有不同的要求，什么时候用文火，什么时候用武火，什么时候该起锅，什么时候该添火，都必须精确控制。现在不管什么食材，都一律丢进火锅里没完没了地煮，味道能好得了吗？最近，人们又捣鼓出用酒精代炭，还以为做了一项多了不起的发明，殊不知食物多经几滚，总会变味。有人问：“冬天菜容易冷，不吃火锅怎么办？”我说：“端上来一道热腾腾刚出锅的菜，客人们没有登时一扫而光，还能晾在一旁任它变冷，可想而知这道菜有多难吃啊！”

戒强让

宴请客人，应合乎礼节。每个客人的口味和喜好都不一样，所以他爱吃哪个、不吃哪个，都应该主随客便，否则强行礼让，逼客吃菜，那就是不讲道理了。在宴席上，常见热情的主人给客人夹菜，每样都夹一点，堆在客人的碗里，如厨余污秽，令人反胃。要知道，客人又不是自己没长手和眼睛，也不是什么三岁小孩子、刚过门的媳妇，怕羞得很，何必以乡下老妇的见解去招待人家，既显得自己小家子气，对客人也是极大的不尊重。近来，这种恶习在青楼中最为盛行，她们夹了菜不是放在你的碗里，而是硬塞入你口中，哪里是待客，这分明是“强奸”。长安有一个特别喜欢宴客的人，但是菜又做得不好吃，有客人问他：“我和你算朋友吗？”主人说：“算朋友！”客人跪坐在地上，请求道：“果真算朋友的话，我就求你一件事情，你答应了，我才起来。”主人诧异道：“什么事？”“以后你家宴客，求求你，别叫我来了。”满座宾客皆为之大笑。

戒走油

凡鱼、猪、鸡、鸭等肉类，即使再肥，也要将油脂锁定在肉里，这样才能保证肉味不散。如果肉中的油脂有一半落在汤里，那么汤的味道，反而进入不了肉里。走油的原因有三：一是火太猛，滚急水干，只好加水再滚；一是骤然停火，发现火候不够，不得不回炉续烧；一是为了察看进度，而屡揭锅盖，必然会导致走油。

戒落套

最好的诗乃唐诗，然而唐朝科举中出现的应试之作，从来不入名家的选本，原因就是太落俗套。诗尚且如此，饮食也应该这样。当今官场上的菜式，名目繁多，什么“十六碟”“八簋”“四点心”，什么“满汉全席”，什么“八小吃”“十大菜”，种种俗名，实乃恶厨之陋习，只能用来敷衍一下初次上门的亲家，拍一拍前来巡视工作的上司的马屁，还须配合着更多的繁文缛节，例如椅披桌裙、屏风香案，行三揖百拜之礼等等，才显得相称。像平时的家庭欢宴，文友相聚饮酒赋诗，怎么可能用这些俗套？必须做到盘碗参差、整散杂进，才能显出名贵的气象。我自己家办寿宴婚席，也是动辄五六桌客，如果请外面的厨师，亦难免落入俗套；但自家厨师嘛，毕竟已经被我训练有素，一切照我的原则去做，到底还是不同些。

戒混浊

混浊不是浓厚，混浊就是混浊。一碗汤，看上去非黑非白，像水缸里搅浑的水，那是色之混浊；一勺卤，尝起来不清不腻，如染缸中倒出的浆，那是味之混浊。免于混浊的办法，在于洗净食材，善加作料，伺察水火，亲自试味，不要让客人吃起来舌上如有隔皮隔膜之感。庾信评论诗文时说“索索无真气，昏昏有俗心”，即是形容“混浊”的。

戒苟且

凡事不宜苟且，尤其是对待饮食。要知道厨子伙夫，都是见识浅陋的下人，你一天不加赏罚，他就会开始玩忽职守。如果这次的菜火候未到，你也姑且咽下，下次的菜真味全失，你也忍而不发，这样一味纵容只会令他愈加草率。而且，光赏罚分明还不够，你得让他知其所以然，赏的时候要告诉他好在哪里，罚的时候要向他指出不好的原因。饮食中诸多毛病，其实都是给惯出来的，做的人偷懒，吃的人随便，于是做的人愈加偷懒，吃的人愈加随便。要改良弊端，首先吃的人这方面应该把标准提高——咸淡必须适中，多一丝少一毫都不行，火候要恰到好处，既不能太生也不能太老，达不到这个标准的菜，就没有资格装盘。咱们做学问，都提倡“审问、慎思、明辨”，而为人师长者，更应该随时指点学生，多与学生相互交流、促进。为什么在吃这件事情上，大家就不要这种态度了呢？

海鲜单

古八珍并无海鲜一说，今人崇尚之，我亦不得不从众。作《海鲜单》。

燕窝

燕窝太名贵了，谁也不会没事就吃燕窝，但既然要吃的话，还是别太抠门，标准的份额是每碗足二两，且不掺杂他物。现在很多人将肉丝、鸡丝拌在燕窝里，那是吃鸡丝、肉丝，不是吃燕窝。还有的人，为了得个“请客吃燕窝”的口实，往往放三钱生燕窝撒在菜面，客人一撩便找不着了，不知道的还以为是掉了几根白头发在菜上，真的是乞丐炫富，反露贫相。

燕窝这种东西，最清爽，最柔滑，所以千万别串同那些油腻、生硬的食物去煮。正确的做法是，先用沸腾的天然泉水浸泡，泡发之后用银针将里面的黑丝挑去，然后再放进嫩鸡汤、好火腿汤、新蘑菇汤三种汤里面去滚，直滚到燕窝颜色呈玉色为佳。如果一定要用配料的话，用蘑菇丝、笋尖丝、鲫鱼肚、嫩野鸡片，还勉强能接受。

我到粤东时，在杨明府家里尝过一道冬瓜燕窝，十分了得。也没有别的诀窍，无非是以柔配柔，以清入清，多用鸡汤、蘑菇汤滚煮而已。上好的燕窝都是呈玉色，并非纯白。有人将燕窝捶打之后揉成团、揉成面，这都是穿凿附会，画蛇添足。

海参三法

海参本身无味，沙多气腥，所以最难讨好。但是海参的天性还算是浓重的，断不可以用清汤煨煮。应该专拣小刺参，先浸泡去沙，再用肉汤滚泡三次，然后用鸡汤、肉汤一起红煨，直到烂透，最后才下佐菜辅料。海参不容易煨烂，一般来说，明天请客，今天就应该提前煨了。且海参色黑，所以最好选用香菇、木耳等颜色较深的佐菜。

曾见过钱道员家里，夏日用芥末、鸡汁拌冷海参丝吃，特别好。又或者将海参切成碎丁，同笋丁、香菇丁一道用鸡汤煨制成羹。蒋侍郎家用豆腐皮、鸡腿肉和蘑菇一道煨海参，也好吃。

鱼翅二法

鱼翅，和海参一样难烂，必须煮上两日，方能摧刚为柔。有一个笑话，说“海参触鼻而鱼翅跳盘”，讲的便是这两样食物没有煮烂，客人吃起来要么弹到鼻子，要么滑出盘外。

鱼翅的烹法有两种。用上好火腿并上好鸡汤，加鲜笋及一钱左右冰糖一道煨烂，此为一法；又或者用纯鸡汤煮细萝卜丝，然后将碎鱼翅掺和其中，吃的时候，萝卜丝和鱼翅都浮在汤面上，客人分不清哪些是萝卜丝、哪些是鱼翅，这又是一法。此萝卜丝法一定要汤多，且萝卜丝气味刺鼻，需焯水两次方能除味；而用火腿煨的话，只需留一点汤卤。但不管汤多汤少，煮出来的鱼翅都必须柔腻、入味才好。

吴道士家做鱼翅，不用下鳞，只用上半部分，亦别有风味。我还在郭耕礼家吃过一道鱼翅炒白菜，其妙一绝！可惜他不肯传授这道菜的做法。

鳆鱼

鲍鱼切薄片，用来炒着吃最好。杨中丞家将鲍鱼片丢进鸡汤与豆腐同煮，号称“鲍鱼豆腐”，调味则用陈糟油浇之。庄太守将大块鲍鱼和整鸭同煨，也算是独树一帜、另辟蹊径，只是鲍鱼的肉质实在是太结实了，不切成薄片根本咬不动，最后煨了整整三天，总算能嚼烂了。

淡菜

淡菜煨肉，加汤极鲜。还有一种做法是，去壳去内脏之后，用酒炒。

海蝘

海蝘，宁波特产小鱼，味道跟虾米一样，用来蒸蛋最好。也可以作小菜吃。

乌鱼蛋

乌鱼蛋最鲜，也最不好料理。必须先用河水将其滚透，去除沙子和腥气，再同蘑菇一道加入鸡汤煨烂。龚云若司马家最擅长。

江瑶柱

江瑶柱产于宁波，做法和蚶、蛏一样。江瑶柱最鲜最脆的部分是“柱”，所以剖壳之后，只取精华，多弃糟粕。

蛎黄

蛎黄生长在海石上，其壳坚硬无比，牢牢地黏附在海石表面，很难分开。它的肉有点像蚶和蛤，最适合用来做羹。蛎黄又名“鬼眼”，是乐清、奉化两县的土产，别的地方都没有。

江鲜单

东晋郭璞所著《江赋》中，甚多鱼族，遂择其中最常见者，作《江鲜单》。

刀鱼二法

刀鱼洗净置于盘中，用蜜酒酿、清酱，像蒸鲥鱼一样蒸，是最好吃的。不要加水。如果嫌刺多，则可以用快刀刮片，再用钳子拔刺，然后入火腿汤、鸡汤、笋汤煨煮，味道无比鲜美。金陵人就不喜欢刀鱼的刺多，但是他们的办法比较奇特，先用热油炸成鱼干，再炒着吃。经油一炸，刺确实是酥了，但是肉也焦了，这就叫矫枉过正，像谚语说的："驼背夹直，其人不活。"还有一个方法很好，从鱼的背部斜刀切入，令细骨全遭斩断，再下锅煎黄，加作料。这是芜湖陶大太家的制法，吃起来完全感觉不到肉里面还有鱼骨。

鲥鱼

鲥鱼可以用蜜酒蒸着吃（方法参照刀鱼），也可以直接用油煎过之后，再加清酱、甜酒。千万不要切成碎块，加鸡汤煮。有人将鲥鱼的背骨切除，专吃鱼腹，以至于真味全失。

鲟鱼

尹文端公常夸他家的鲟鳇是最好吃的，然而我尝过之后，还是觉得煮得太熟，味道颇重浊。要说真正好吃的炒鳇鱼片，我只在苏州唐氏家里吃到过。他家的做法是，将鳇鱼切片，油爆之后加入酒和秋油滚三十次，然后加水再滚，起锅，加作料。作料可多放瓜、姜和葱花。还有一种做法：将整条鱼在白水中煮十滚，去大骨，将鱼肉切成小方块备用；鸡汤去沫，鱼头的明骨也切小方块，放入鸡汤煨煮至八分熟，下酒、秋油，再下鱼肉块，煨至二分烂，起锅，加作料。作料用葱、花椒、韭菜，姜汁多加无妨（可用一大杯）。

黄鱼

黄鱼切小块，用酱和酒浸腌一个时辰，取出沥干。然后下锅爆炒至两面金黄，加入金华豆豉一茶杯、甜酒一碗、秋油一小杯，同滚。待汤汁略干、汤色变红，加糖、瓜和姜，收汁起锅。这样的做法，妙处全在沉浸酱酒中的那一个时辰，使鱼块味极浓郁。还有一法：将黄鱼拆碎，入鸡汤做羹，起锅前加入少许甜酱水和芡粉。一般来说，黄鱼属味道浓厚的食材，不合适清淡。

班鱼

班鱼肉质最嫩。将班鱼剥皮、去内脏，只留肝和肉，用鸡汤煨煮，按照三、二、一的比例，加入酒、水和秋油。临起锅时，加入大碗姜汁、葱数根，作用是去腥。

假蟹

黄鱼煮两条，去骨留肉；生咸蛋四个，打散备用；起油锅，放入黄鱼肉爆炒，然后下鸡汤，烧开；最后将咸蛋液倒入，搅匀，加入香菇、葱、姜汁和酒，吃的时候再酌情加醋。

特牲单

是猪神通广大，能入百菜，堪称一声『教主』，难怪古人有特豚馈食之礼。作《特牲单》。

猪头二法

猪头洗净，用甜酒煮——五斤重的猪头，用甜酒三斤，七八斤重的猪头，用甜酒五斤；葱下三十根，八角则三钱，在锅里煮个两百多滚，然后下一大杯秋油（等熟了之后，如果觉淡还可以再加）、糖一两；加水（须是开水，要漫过猪头一寸），盖锅、用重物压住，大火烧一炷香的时间，转小火慢煨使汤干肉腻，煨到熟烂立即开锅盖，以防走油。另一种做法是：专门打造一个木桶，用铜帘将桶拦腰隔开，将猪头洗净，加作料一块填入桶内密封，铜帘以下注水，用文火隔水蒸，蒸至猪头肉熟烂。此法妙在使多余的油垢都流出了桶外，食之肥而不腻。

猪蹄四法

取蹄髈一只（不要爪），用白水煮烂，倒掉水，加好酒一斤、清酱酒半杯、陈皮一钱、红枣四五个，一起煨煮。临起锅时，加入葱、花椒、酒，挑出陈皮、红枣，这是一法。又一法：用小虾米吊汤，蹄髈入汤煮烂，再加酒、秋油煨之。第三法：取蹄髈一只，先煮熟；素油热锅，放入蹄髈，煎至表皮皱起，再放作料红烧。有些人吃这道菜时最喜欢先把皮揭下来吃，号称“揭单被”。第四法：取蹄髈一只，加酒、秋油，置于钵内，另一钵倒盖其上，然后放入蒸笼蒸，时长两炷香刚好，号称“神仙肉”。钱道员家里做这道菜最妙。

猪爪、猪筋

专取猪前蹄之爪，剔去大骨，只用鸡汤清煨。可以搭配猪筋，因为它的味道和猪爪是一样的；有好的后腿爪，也可以掺在一起煨。

猪肚二法

将猪肚洗净，取最厚的部分，割弃表里两张皮，单留中间一层肉，切骰子小块，用滚油爆炒一下，加入作料，马上起锅——这是北方人的做法，认为越脆越好。而南方人吃猪肚，一定要极烂才算好，通常将猪肚用白水加酒，煨两炷香时间，蘸清盐吃；又或者与作料一道，用鸡汤煨烂切片吃，都很好。

猪肺二法

猪肺最难洗，沥干肺管里的血水，剔净肺叶上的白膜，这第一步就迈得十分艰辛：要捉住两扇猪肺，把它揍一顿，头朝下吊起来，抽它的筋（肺管），剥它的皮（膜），场面虽不雅观，工夫却要求极其细致。洗净后的猪肺，用酒、水滚一天一夜，只见汤面上漂浮着一小片东西，状若白芙蓉，是缩水后的猪肺。再加作料，上口如泥。汤西厓少宰某回宴客，上了一道猪肺汤，每碗四片，便是四个猪肺。现在的人已经没有这等闲工夫了，比较可取的做法是，将整肺切零，放入鸡汤煨烂。如果是野鸡汤就更妙，为何？以清配清嘛。退而求其次，用上好的火腿煨也行。

猪腰

腰片炒得太老则木，炒得太嫩，又怕没熟。不如整只煨烂之后蘸椒盐吃（或者加作料也行）。但煨的时间有讲究：煨三刻钟，老了；须煨上一天，才能嫩烂如泥。这样煨出来的“腰子泥”，最适合的吃法是手抓，而不宜刀切。再者说，腰子这种东西就应该寡吃，一旦别的食物与它同锅，被它夺了味先不说，还得惹上一身的腥。

猪里肉

里脊肉，嫩，但很多人嫌它只精不肥，不吃。我曾在扬州谢蕴山太守席上吃过一次，特别好吃。说是将里脊肉切薄片，裹上芡粉后抓成小把，投入虾汤中，加香菇、紫菜清煮，一熟便起。

白片肉

须自家养的肥猪，宰杀后入锅，白水煮到八分熟，关火后先不急着出锅，再泡一个时辰才取出。挑取猪身上经常活动的部位，切作薄片，趁其不冷不烫、温热适中，即刻上桌。这就是白片肉的做法，北方人最擅长了。南方人学做这道菜，怎么都学不像。而且，用市场上买回来的零散猪肉，也很难做出好吃的白片肉来。

所以寒士请客，宁用燕窝，不用白片肉，因为必须用整猪才行，那还是太昂贵了。

白片肉要怎么“片”，也有讲究：须用小快刀片之，每一片都要做到肥瘦相间，所以其刀法也是时而横割、时而斜切，这一点倒是与圣人说的“割不正不食”截然相反。白片肉名目繁多，其中满洲“跳神肉”最妙。

红煨肉三法

或用甜酱，或用秋油，又或者干脆不用秋油、甜酱——此三法也。操作如下：取猪肉一斤，盐三钱，用纯酒煨煮（也有用水的，但必须收干水分）。煨煮时不能常揭锅盖，一旦走油，肉味尽逸油中。三种做法——不管用不用酱油——都能做出红如琥珀的红煨肉来，所以完全没必要加糖炒色。色红，全靠起锅及时，起锅太早则黄而未红，起锅过迟则红色变紫，且精肉变硬。一般来说，红煨肉要求精肉也能入口即化方为妙，所以切出来还是方方正正的肉块，起锅时则必须已经烂到不见棱角。总而言之，全在火候，俗话说：“紧火粥，慢火肉。”在理得很！

白煨肉

取猪肉一斤，用白水煮至八分好，捞出，汤备用；用酒半斤、盐二钱半，煨煮一个时辰；再倒入一半煮肉原汤，滚至汤汁浓腻、将干未干时，加葱、花椒、木耳、韭菜等作料。煨煮的时候，应该先用武火后用文火。

另有一法：每肉一斤，用糖一钱、酒半斤、水一斤、清酱半茶杯；先用酒将肉滚煮一二十次，加茴香一钱，再加水、作料焖烂，也好吃。

油灼肉

五花肉切方块，去筋、膜，用酱和酒腌浸后，入滚油中炸，起锅时加葱、蒜，稍微喷一点醋。吃起来肥的不腻，瘦的松脆。

干锅蒸肉

先用小瓷钵，填装小方块肉，加甜酒、秋油。再将小钵套入大钵内，封盖，一同放置锅里，用文火干蒸约两炷香时间。秋油和酒的量，方淹过肉面为宜。

盖碗装肉

放手炉上蒸。方法同前。

磁坛装肉

将小瓷坛埋入糠堆中，燃糠慢煨。方法同前。一定要密封好。

脱沙肉

猪肉去皮，切碎后和蛋液搅拌，大约一斤肉用三个鸡蛋；搅匀后再斩至肉糜，放入秋油半酒杯、葱末适量，再拌匀，用一层猪油网裹住，卷成长条。用菜油四两烧热，将肉卷下油锅中小火煎炸，煎好一面再煎另一面，然后取出去油。再入锅，加好酒一茶杯、清酱半酒杯，焖透，然后起锅切片。最后在肉面上，加韭菜、香菇、笋丁。

晒干肉

精肉切薄片，在烈日下曝晒，刚刚晒干就好。烹制则搭配陈年大头菜，一同干炒。

火腿煨肉

火腿切方块，放入冷水中煮，滚三次，捞起沥干。再取新鲜猪肉，也是切成方块，也是放入冷水中煮，两滚后捞起，沥干。两者同入清水中煨煮，加酒四两，葱、椒、笋、香菇适量。

台鲞煨肉

方法跟火腿煨肉一样。区别在于，煨煮时先放猪肉煨至八分烂，再加台鲞同煨，因为后者易烂，不经煮。冷了也好吃，其油汁凝固，谓之“鲞冻”，是绍兴特有的菜式。质量不好的台鲞，不能用。

粉蒸肉

将半肥半瘦的猪肉块、炒至黄色的粘米粉和面酱一块拌匀，碗底垫几片白菜，一起蒸。不但是肉，就连白菜也好吃得很。因为没有汤水，故肉味全在。是江西菜。

熏煨肉

将猪肉用秋油、酒煨好，带汁裹上木屑，略加熏制，不可太久。这样做出来的熏煨肉，干湿参半，香嫩十足。吴小谷广文家，最精于此菜。

芙蓉肉

精肉一斤切片，清酱中蘸一下取出，风干一个时辰。虾仁准备四十只；二两猪板油切小丁。每片肉上放一只虾仁、一块猪板油，用力压牢，投入滚水中煮熟便捞起。菜油半斤熬滚，将肉片装在漏勺里，用滚油反复浇淋，直至肉、虾熟透。将秋油半酒杯、酒一杯和鸡汤一茶杯一起煮滚，泼在肉片上，最后撒入蒸粉、葱末、花椒拌匀。

荔枝肉

肉片切成骨牌大小，放入白水中煮二三十滚，捞出；菜油半斤熬热，下肉片炸透，捞出，立马丢入冷水中，一热一冷，肉片顿时起皱；再捞出，投入锅内，用酒半斤、清酱一小杯、水半斤，煮烂。

八宝肉

猪肉精肥各半，投入白水中煮一二十滚，然后切成柳叶片。提前备好：小青口肉二两、鹰爪嫩茶二两、香菇一两、花海蜇二两、去皮胡桃肉四个、笋片四两、好火腿二两、麻油一两。先将肉片入锅，用秋油、酒煨至五成熟，再加以上作料同煨，海蜇最后才下。

菜花头煨肉

这道菜里的菜花头，是用苔心菜的嫩蕊制成的：稍微先腌一下，再晒干。

炒肉丝

猪肉去筋、皮、骨，切细丝，用清酱和酒腌片刻。菜油烧热至冒烟，等白烟变青烟后，再把肉放进去炒匀，要不停地炒，然后下蒸粉，醋只要一滴，糖一小撮，葱白、韭菜、大蒜一并撒入。炒肉丝有几条要领：肉量不要多，只炒半斤就好；一定要大火爆炒；全程不加水。另一做法是：用油炒过之后，再用酱汁加酒稍微煨煮一下，起锅时菜是红色，放入韭菜会更香。

白石老人

炒肉片

猪肉精肥参半切薄片，用清酱拌一拌。入热油锅中翻炒，听到肉发出响声时，马上加酱加水，下葱、瓜、冬笋、韭芽等物，必须猛火起锅。

八宝肉圆

精肥参半的猪肉斩成肉茸，将松仁、香菇、笋尖、荸荠、瓜、姜也斩成茸，加芡粉和匀后捏成团子，置盘中，倒入甜酒、秋油，蒸着吃，入口松脆。袁致华说：“肉圆宜切不宜斩。”仁者见仁，智者见智。

空心肉圆

将猪肉捶打成泥，用料腌一腌，揉成团子，用一小团冻猪油作馅，包在肉团里面蒸熟，猪油融化后渗入肉里，使团子空心。镇江人最擅长此道。

锅烧肉

将带皮猪肉煮熟后，放入麻油中炸一下，切成一块块的，蘸盐或清酱吃。

酱肉

将整块猪肉稍微腌一下，再抹一层面酱，然后风干。又或者只用秋油浸腌后，风干。

糟肉

稍微先腌一下，再加米糟。

暴腌肉

用不多的盐揉擦，不出三日即可食用。腌制酱肉、糟肉、暴腌肉必须在冬月，春夏不宜。

尹文端公家风肉

现杀的猪卸作八块，每一块以炒盐四钱细细揉擦，使每一寸皮、每一寸肉都要被照顾到。然后就是晾挂——所谓风肉，即有风吹、无日晒之肉——选一个通风背阴处高挂。晾风肉难免起虫，于虫蛀处涂上香油即可。到来年夏天就能取下来吃。须先放在水里泡一晚再煮，煮时水不能太多也不能太少，要刚好淹过肉面。切风肉片要用快刀横切，不能顺着纹理斩断。尹府晾制的风肉最好，经常用来进贡。现在的徐州风肉，也不知何故，确实不如他家的。

家乡肉

杭州的家乡肉，也不都是好的，也分上、中、下三等。但好的，就真的是很好：不咸，还能那么新鲜，而且其精肉十分干脆，尽可横咬——这已经算是极品了。给它些时间，继续放下去，会是一块好火腿肉。

笋煨火肉

冬笋切方块，再火腿切方块，加入冰糖一同煨烂。火腿要先焯两次水去咸，按照席武山别驾的说法，焯过火腿的原汤不能随便倒掉，因为火腿肉煮好后，若要留到第二天吃的话，须留原汤，第二天吃的时候将火腿肉投入原汤中滚热才好。如果将原汤倒掉，将煮过水的火腿肉干放一天，风一吹便容易变枯；而且第二天只用白水煮的话，盐味势必就淡了。

烧小猪

将六七斤重的小乳猪净毛、除内脏，用叉子叉着放到炭火上去烤。将奶酥油慢慢地涂在猪皮上，须反复涂、反复烤，边烤边翻转，要面面俱到，烤到它浑身深黄为止。好的烧小猪口感是酥酥的，次之则脆，若肉紧且硬，必为下品。旗人有单用酒和秋油蒸熟来吃的，也只有我家文龙弟弟颇得其法。

日来画茄多许此稍似者
老萍

烧猪肉

烧猪肉一定要有耐性，要先烤肉再烤皮。先烤肉，油汁受热就会渗入皮内，再烤皮时，皮便松脆而不失其味。若是先烤皮，就会将肉里的油汁逼出，都滴入了火中，这样烤出来的烧猪肉，皮也焦硬肉也不香。烧小猪也是一样的道理。

排骨

取精肥各半的肋条，抽去当中的直骨，以葱代之，刷上醋和酱放炭火上烤，多刷几次，但不可烤得太焦。

罗蓑肉

方法跟做鸡松一样：将带皮精肉剥皮，肉斩碎，加作料，皮覆盖其上，烹熟。与鸡松不同的是，肉皮也可以吃。端州有位姓聂的厨师很会做这道菜。

端州三种肉

一种就是罗蓑肉。一种是锅烧白肉，不加作料，用芝麻、盐拌着吃。还有一种，将肉切片煨好之后，拌上清酱吃。这三种菜都是我在端州吃过的家常菜，都是聂、李二位厨师所做的。后来我专门派杨二去学了回来。

杨公圆

杨明府家特制的肉圆，一个就有茶杯那么大，而口感细腻也是一绝。用它煮汤尤其鲜美，入口如酥。大概的做法是选肥瘦参半的猪肉，去筋去节，切斩极细，再加入芡粉和匀。

黄芽菜煨火腿

选上好的火腿，削下外皮，将火腿肉上的油脂去除。熬鸡汤一锅，先下火腿皮煨软，再下火腿肉煨软，然后放入黄芽菜心和菜根，菜根需切成二寸小段；最后加蜂蜜、酒酿和水，连煨半日。吃起来满口甘鲜，肉和菜皆入口即化，而黄芽菜心和菜根形状依然是完好的，丝毫没有烂在汤里。汤也美极了。这还是朝天宫里的一位道士传授的制法。

蜜火腿

选上好火腿，连皮切成大方块，用蜜酒煨烂，最好吃。然而市面上的火腿，参差不齐，好坏难料，就连金华、兰溪、义乌三地，也是有名无实者居多，说是上好火腿，其实还不如腌肉。倒是在杭州忠清里王三房家，售过一款好火腿，卖到四钱一斤，我得幸在尹文端公的苏州公馆里吃过一次，隔着窗户便能闻到火腿的香味，味道也极其鲜美。可惜后来就再也没吃到过了。

慎之先生雅属 白石 庚辰

杂牲单

牛、羊、鹿三牲，非南方人之家常肉食，然而其做法不可不知。作《杂牲单》。

牛肉

专选牛腿筋处夹带的牛肉，不精不肥刚刚好，此肉难得，需多跑几间肉铺，每间都凑一点。买回来之后，剔去皮膜，用三二比例的酒和水清煨，煨到极烂，加入秋油收汤。牛肉强势，不可配搭别样食材。

牛舌

用最好的牛舌，去皮，撕膜，切片，和牛肉一同煨煮。或者冬天将牛舌腌起风干，到来年再吃，味道像极了上好的火腿肉。

羊头

烹羊头，首先毛要去干净，去不干净，就用火燎。再将羊头洗净，一剖为二，煮烂之后，将骨头、嘴里的老皮都去净。眼睛要取出来，从中间切开，扯去黑皮，眼珠子不用，余者切成碎丁。最后，用老肥母鸡熬汤煮之，加香菇、笋丁，加甜酒四两、秋油一杯。如果吃辣，可以用小胡椒十二颗、葱花十二段；如果吃酸，就用好米醋一杯。

羊蹄

羊蹄可按照煨猪蹄的方法去煨，分红煨和白煨两种，红煨用清酱，白煨则用盐。可以放入山药同煨。

羊羹

将熟羊肉斩成骰子小块，用鸡汤煨，加笋丁、香菇丁、山药丁同煨。

羊肚羹

羊肚洗净，煮烂，切丝，仍用煮羊肚的原汤来煨。可酸辣，加胡椒、醋便是。这是北方人的炒法，南方人也学着做，但做不来那么脆。钱玙沙方伯家的锅烧羊肉极佳，有机会请教其做法。

红煨羊肉

做法和红煨猪肉一样。将钻了孔的核桃放入同煨，可以去膻味。这也是古法。

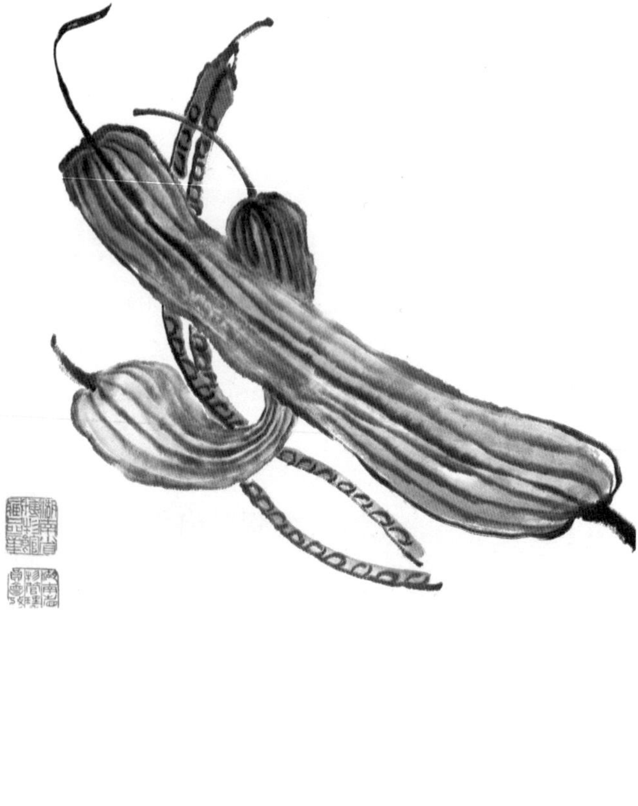

炒羊肉丝

跟炒猪肉丝一样。羊肉切丝越细越好，可以用芡，临起锅加葱丝拌炒。

烧羊肉

羊肉要大块，一块五七斤，用铁叉子架在火上烤。食之甘美酥脆。难怪宋仁宗半夜饿了，都要“思膳烧羊”！

全羊

全羊的做法多达七十二种，能吃的也只不过十八九种而已。好吃的全羊席，虽每一盘每一碗都是羊肉，但味道却做到了各不相同。这已经属于屠龙之技了，一般家厨是掌握不了的。

鹿肉

鹿肉难求，一旦得着鹿肉，或烤或煨，其嫩其鲜都在獐肉之上。

鹿筋二法

鹿筋很难熬烂。食前三日，先用锤子将鹿筋敲打松软，再泡水中煮发，然后捞出绞干以去除臊味。这个过程得反复多次。处理好的鹿筋，先用肉汁汤煨，再换鸡汁汤煨；加秋油、酒，勾一点点芡收汤。如果不加别的东西，便是白煨，菜为白色，盛入盘中。

如果加火腿、冬笋、香菇同煨，便是红煨，菜为红色，不收汤，装进碗里。白煨要加花椒末。

獐肉

獐肉，可照着牛肉、鹿肉的做法去做，也可以做肉干。獐肉虽然不如鹿肉鲜嫩，但肉质却比鹿肉细腻。

果子狸

新鲜的果子狸很难得，腌干的倒是有。食其肉干，先用米泔水泡一天，洗净盐分和脏物，然后加蜜酒酿，蒸熟，快刀切片上桌。吃起来比火腿更嫩，而且更肥。

假牛乳

用鸡蛋清拌蜜酒酿，搅拌融洽，上锅蒸，吃起来又滑又嫩。火候稍迟就蒸老了，蛋清太多也会老。

鹿尾

尹文端公品评天下美食，将鹿尾排在了第一。然而南方人哪能经常吃到鹿尾？虽然也有卖，但那都是从北京大老远运过来的，不新鲜。我运气好，曾得着过一根新鲜的鹿尾，还蛮大的，用菜叶包起来，蒸了吃，果然不俗。最好吃的在其根部，有一道厚厚的脂肪，肥腻如浆。

羽族单

诸菜皆靠鸡汤，鸡实乃最大幕后功臣，如善人积阴德而不为人所知。遂以鸡领衔羽族之首，而鸭鹅诸禽附于其后，作《羽族单》。

白片鸡

古时祭祀，用不加五味的肉汁，并以清水代酒敬神，谓之“太羹”“玄酒”。白片鸡吃起来应该也是一样的味道。特别适合下乡村、住旅店时吃，劳累奔波之际，细烹慢煮之食难解急饿，不如就要一盘白片鸡，最省事。煮的时候，水不能太多。

鸡松

取肥鸡一只，只用大腿肉，腿骨剔出备用，不可伤皮。将腿肉剁碎，与鸡蛋清、芡粉、松子肉（剁碎后的）一道拌上，用热香油灼黄，装进钵头里——如果腿肉不够，还可以添胸脯肉（切丁）——加百花酒半斤、秋油一大杯、鸡油一铁勺，加冬笋、香菇、姜、葱等，最后将鸡皮、鸡骨盖在上面，加水一大碗，上蒸笼蒸透。吃的时候，将鸡骨、鸡皮扒掉，不吃。

生炮鸡

将雏鸡肉斩切成小肉粒，用秋油、酒拌起来，要吃的时候再用滚油去炸。不要想着一次把它炸透，炸一炸就要起锅，起锅后又炸，连炸三回，盛起，加入醋、酒、芡粉、葱花。

鸡粥

鸡粥须选用肥母鸡的胸脯肉，去皮后，用刀细刮成肉茸。也可以用刨刀刨，效果是一样的，但不能斩，因为斩不了那么细腻。肉茸要入鸡汤煮，而前面用剩的鸡肉正好可以用来熬鸡汤。提前将细米粉、火腿屑、松子肉一齐研碎，吃的时候再下到汤里。起锅时放入葱、姜，浇鸡油。有人吃鸡粥一定会捞掉里面的渣，也有人留着渣一起吃，都是可以的。但如果是用刀斩的肉茸，那还是去渣的好，适合老年人吃。

焦鸡

肥母鸡洗净，整只下锅煮，加猪油四两、茴香四个，煮到八成熟，再捞起用香油灼至金黄，然后仍放回原汤中，熬至汤浓，加入秋油、酒、整棵葱收汁。起锅后整鸡拿出切片，再将锅内留余的浓卤浇在肉片上入味，又或者蘸卤吃也行。这是杨中丞家的做法，方辅兄家也做得不错。

捶鸡

将整鸡捶碎，用秋油和酒煮。南京太守高南昌家做得最精妙。

炒鸡片

将鸡胸肉去皮，切作薄片，用豆粉、麻油、秋油腌拌，再加芡粉、蛋清拌裹上，快下锅时，再加酱、瓜、姜、葱花末搅匀。一定要用最猛的火去炒！一盘不要超过四两，多了的话，火虽旺也难以透矣。

蒸小鸡

把小嫩鸡雏整只置于盘中，浇上秋油、甜酒，加香菇、笋尖，放在饭锅上蒸。

酱鸡

将新鲜整鸡一只在清酱坛里浸一昼夜，取出风干。须三九寒天才行。

鸡丁

取鸡胸肉，切成骰子小块，入滚油中爆炒，加秋油、酒，收汤为卤，放入荸荠丁、笋丁、香菇丁拌炒一下，卤汁黝黑才好。

鸡圆

将鸡胸肉斩碎，揉成酒杯大小的团子，非常鲜嫩，不输虾圆。扬州臧八太爷家做得最好，诀窍是，肉碎中掺入猪油、萝卜、芡粉，再揉圆，不要放馅。

蘑菇煨鸡

取口蘑四两，泡在开水中去沙，换到冷水中漂洗，再用牙刷仔细刷一遍，最后再用清水漂洗四次。洗净后的蘑菇，用菜油二两爆炒，熟透后洒上酒，铲出备用。将鸡肉斩块，下锅煮沸，滚去血沫，下甜酒、清酱，煨至八分好，再下蘑菇，煨至十分，加笋、葱、花椒起锅。不要加水，可用冰糖三钱。

梨炒鸡

选小鸡雏的胸脯肉，切片；雪梨，切薄片。先用猪油三两起油锅，下鸡片翻炒几下，马上加麻油一瓢，芡粉、盐花、姜汁、花椒末各一茶匙，再将雪梨片倒进去，加香菇丁，翻炒几下，起锅，盛进五寸盘中。

假野鸡卷

将鸡胸肉斩碎，打入鸡蛋一个和匀，用清酱腌浸。将猪油网划成小方片，每一片放上碎鸡肉，包成小包，下滚油中炸透，加清酱、酒等作料，再加香菇、木耳起锅，最后撒一小撮糖。

黄芽菜炒鸡

整鸡切块，起油锅生炒（一只鸡用油四两），至透，倒入酒，煮二三十滚，倒入秋油，再煮二三十滚，再倒入水继续煮。黄芽菜切块，分锅单独煮熟捞出，视鸡肉煮到七分熟，将菜下入鸡锅，滚至鸡肉熟透，加糖、葱、大料。

栗子炒鸡

鸡肉斩块，用菜油二两爆炒，加酒一饭碗、秋油一小杯、水一饭碗，煨至七分熟，将煮熟的栗子和笋一块放入，再煨至熟透，起锅，撒一撮糖。

灼八块

一只嫩鸡斩作八块，下滚油中炸透，滤去油，加一杯清酱、半斤酒，武火煨，一熟便起，不要加水。

珍珠团

将熟鸡胸肉切成黄豆大小的肉丁，用清酱、酒拌匀，丢入干面粉中翻滚，粘满面粉后下锅，用素油炒熟。

黄芪蒸鸡治瘵

没下过蛋的童子鸡，现杀，不能沾水洗，掏空腑脏，塞入黄芪一两，用筷子架着放锅里蒸，锅要密封严实，蒸熟后取出，汁浓肉鲜，可治弱症。

卤鸡

囫囵鸡一只，掏空，塞入葱三十根、茴香二钱，先用酒一斤、秋油一小杯半，滚一炷香时间；倒入开水一斤，下二两猪板油和鸡肉同煨，至鸡熟，捞出猪板油不用。继续煮到汤略收、卤渐浓（只剩一饭碗左右浓卤），才将鸡肉捞出，或拆碎或切薄片，拌原卤吃。

蒋鸡

取童子鸡一只，作料用盐四钱、酱油一匙、老酒半茶杯、姜三大片，同放砂锅内，隔水蒸烂，去骨，不要放水。这是蒋御史家的做法。

唐鸡

两三斤重的鸡，切片，菜油二两热锅，俟油滚，下鸡片爆炒至熟透。然后倒入酒，煮一二十滚，再加水煮两三百滚，再加秋油一酒杯，起锅时才撒入白糖一钱。这是唐静涵家的做法。

鸡肝

边炒边洒入酒、醋，要炒得嫩才好。

鸡血

将鸡血凝固划成条状，加入鸡汤、酱醋、芡粉制成羹，于老年人甚相宜。

鸡丝

鸡肉拆丝，加秋油、芥末、醋，凉拌吃。此为杭州菜，放点笋和芹菜一同拌上，都行。还可以放笋丝，用秋油、酒炒着吃。凉拌用熟鸡肉，炒用生鸡肉。

糟鸡

糟鸡和糟肉是一样的做法。

鸡肾

鸡肾要三十个，烫微熟，剥皮，用鸡汤加作料煨，鲜嫩一绝！

鸡蛋

鸡蛋可蒸吃，将蛋液打在碗里，用竹筷打一千下，蒸出来绝嫩。也可以煮着吃，煮一滚就老，煮上一千滚，反而嫩。煮茶叶蛋，必须煮上两炷香时间，可用盐煮，也可加酱煨，大概一百个鸡蛋用盐一两，五十个鸡蛋用盐五钱。鸡蛋的做法还有很多，或煎或炒，不一而足。用黄雀肉斩碎后，拌上蛋液一起蒸，也好吃。

野鸡五法

将野鸡胸脯肉削下来，清酱腌浸之后，用猪网油包成方饼或卷子，放到铁奁上烤着吃，这是一种做法。野鸡肉切片，或是单取胸脯肉切丁，加作料一起炒，这又是一种做法。像家养的鸡那样整只煨着吃，这又是一种做法。先用油炸熟，再拆成肉丝，加入酒、秋油、醋，和芹菜一起凉拌，这又是一种做法。还有一种做法是，切片涮火锅吃，要现涮现吃，但有一个缺点：涮得嫩便入不了味，要想涮到入味，肉又老了。

赤炖肉鸡

赤炖肉鸡，整鸡洗净切块，每斤鸡肉大约加好酒十二两、盐二钱五分、冰糖四钱、桂皮若干，一同置砂锅中，用小炭火细煨慢炖。如果酒干了肉还没炖烂，怎么办？那就加清开水（每斤肉约加一茶杯水）接着炖。

蘑菇煨鸡

鸡肉一斤，甜酒一斤，盐三钱，冰糖四钱，新鲜蘑菇（不要有霉点的）适量。用文火煨两支线香的时间。千万别加水，蘑菇要等鸡肉煨至八成熟再下。

鸽子

鸽子肉加好火腿一起煨，甚好。不加火腿也好吃。

鸽蛋

鸽子蛋可煨着吃，方法和煨鸡肾一样。又或者煎着吃也行，还可以加一点点醋。

野鸭

野鸭肉切厚片，用秋油腌浸；每两片雪梨夹一片肉，爆炒。以苏州包道台家做的最妙，但早已失传了。野鸭蒸着吃也好吃，就和家鸭的蒸法一样。

蒸鸭

肥鸭活杀剔骨，腹中灌糯米（一酒杯）、火腿丁、大头菜丁、香菇、笋丁、秋油、酒、小磨麻油、葱花，外面淋上鸡汤，置盘中，隔水蒸透。此乃真定魏太守家的做法。

鸭糊涂

将肥鸭入水白煮，至八分熟，取出冷却，剔除骨，鸭肉随意切成不限大小形状之块，仍入原汤中煨煮，加盐三钱、酒半斤，将山药拍碎下锅权当芡粉，煨至鸭肉将烂，再加姜末、香菇、葱花。如果嫌汤不够浓，可追加豆粉做芡。山药也可以换成芋头，效果一样好。

卤鸭

将鸭用酒——不用水——煮熟，去骨，就作料吃。这是高要县令杨公家的做法。

鸭脯

将肥鸭斩成大方块，用半斤酒、一杯秋油焖之，加笋、香菇、葱花，收汁起锅。

烧鸭

小鸭雏串在叉子上烤。冯道员家的厨师最精通此道菜。

挂卤鸭

水西门许家店的葱香黄皮挂卤鸭做得最好。鸭子腹内塞葱，挂在完全密封的炉子里烤。这在家里面没法做。烤出来，鸭皮金黄或黝黑，黄皮的更妙。

干蒸鸭

杭州商人何星举家擅长干蒸鸭，先将肥鸭一只洗净斩作八大块，投入瓷罐中，加甜酒、秋油淹过鸭肉，封实，置干锅中，以小炭火蒸，不用水。蒸两支线香时长，罐中鸭肉不论肥瘦皆烂如泥。

野鸭团

野鸭胸前肉斩细粒，拌入猪油和少量芡粉，揉成肉团，入鸡汤中滚煮。或者用本鸭熬制的鸭汤来煮也行。太兴孔亲家做此道菜甚是精妙。

徐鸭

要一只鸭，须头号大的鲜鸭，剖开，清水洗净，用洁净干布擦干，放入瓦盖大钵内。将青盐四两，用百花酒十二两、滚水一汤碗冲化，撇去沉渣浮沫，再兑入七饭碗冷水，鲜姜一两切成四厚片，一同倒入鸭钵内，钵口用皮纸封牢，置大火笼上。火笼内烧大炭吉（约二文钱一个的炭吉，须买上三圆银钱的，一齐烧透），外罩套包，使热气不得走散。炭吉烧透后，不宜中途更换瓦钵，也不能提前揭封看菜，此事急不得，如果从吃早饭时炖起的话，那就得炖到天黑才可以，欲速则不透，火候不到则肉味不佳矣。

煨麻雀

捉五十只麻雀，用清酱、甜酒煨熟后，不要翅和腿，单取胸、头之肉，带汤装盘中，甘鲜异常。其他鸟雀都可以这样吃，但五十只活鸟谈何容易。薛生白常劝人“勿食人间豢养之物”，就是因为野禽味更鲜，而且易消化。

煨鷯鶉、黄雀

鷯鶉就吃六合产的最好，可以买现成的熟食。黄雀则用苏州特有的糟加蜜酒煨烂，再下作料，跟煨麻雀的方法一样。苏州沈道员煨的黄雀，整个地化为烂泥，可以连骨头一起嚼，也不知道他是用了什么方法煨的。他炒鱼片也很精妙。其厨艺之精，全苏州都公推他为第一。

云林鹅

《倪云林集》里面记载了蒸鹅的方法。一只整鹅，洗净后，用三钱盐擦拭腹内，塞入葱一大把充实其腹，再以蜂蜜拌酒遍抹鹅身。用竹筷架在锅里，倒入一大碗酒、一大碗水，蒸的时候鹅不能沾到锅里的酒、水。灶内送入两束山茅，缓缓地烧尽就好。等锅盖冷了之后，再揭盖，将整只鹅翻过来，再盖上、封好，继续蒸，这次只需要烧一束山茅，让它自己燃完，不要拨火。锅盖应该用棉纸糊上封实，不时沁水润之，以防棉纸燥裂。如此蒸出来的鹅肉烂如泥，其汤亦鲜美。还可以用这个办法蒸鸭，味道一样鲜美。

三束茅柴的重量，每束是一斤八两。擦拭腹腔的盐里面，掺一些葱末、花椒末，以少量酒和匀。《云林集》中记载的菜品很多，全都是穿凿附会罢了，就只有这一道蒸鹅，试了之后确实好吃。

烧鹅

杭州烧鹅，被人笑话，因为经常没有烤熟。我家厨师烤的都比它好吃。

水族有鳞单

吃鱼皆需去鳞，唯独鲥鱼不去鳞。我说，有鳞才像鱼样矣。作《水族有鳞单》。

边鱼

新鲜的边鱼，加酒、秋油，蒸至玉色乍呈，出锅前加香菇、笋尖。如果蒸出来是呆白色，说明已经蒸老了，鲜鱼变成了死鱼。蒸的时候，盘子要盖好，以免被锅盖上的水汽滴到。边鱼煎吃也好吃，只加酒，不加水，鲜美不让鲥鱼，号称“假鲥鱼”。

鲫鱼

首先得会买鲫鱼。要选身子扁平且略带白色的鲫鱼，则肉嫩且松，熟了之后轻轻一提，肉便脱骨而下，全掉盘子里了。一条鲫鱼如果长得脊背乌黑、身子浑圆，那就是鱼群中的“无赖”，其肉也僵硬，其刺也丛生，千万不能买。

鲫鱼蒸食最妙，方法与蒸边鱼一样。其次，煎吃也不错。剔骨拆肉，还可以做羹。通州人最善于煨鲫鱼，煨到连骨头、鱼尾都酥烂了，谓之“酥鱼”，适合小孩子吃。然而都不如蒸食最得鲫鱼真味。

六合龙池产的鲫鱼，越大越嫩，怪哉。蒸鲫鱼要用酒，而不是水，放一点点糖，可以提鲜。再就是要根据鱼的大小，酌情判断秋油和酒的用量。

白鱼

所有鱼里面，要数白鱼的肉最细。将白鱼、酒酿鲥鱼一起蒸，最好吃。冬天吃白鱼，可以稍微先腌一下，再用酒糟泡两天，亦好。我在江中网到过鲜白鱼，用酒蒸着吃，妙不可言。不过总的来说，还是酒糟白鱼最好吃，泡两天即可，泡久了肉就木了。

季鱼

季鱼骨少，最适合炒鱼片。切片要薄，用秋油腌浸后，以芡粉、蛋清拌裹，下油锅炒，加作料，再炒。油要用素油。

土步鱼

杭州人将土步鱼奉为上品，然而金陵人却很瞧它不上，说它“虎头蛇身”，长得比较搞笑。其实土步鱼虽其貌不扬，肉质却最为松嫩，你可以煎它、煮它、蒸它，都好吃。加腌芥菜做汤，或者做羹，尤其鲜。

鱼松

将青鱼、鲩鱼蒸熟后，拆肉入热油灼黄，加盐花、葱、花椒、瓜、姜。冬天用瓶子密封，逾月不坏。

鱼圆

白鱼、青鱼现杀，剖作两半，用钉子固定在砧板上，刮肉离骨；将鱼肉斩至糜，拌入豆粉、猪油，用手抓匀；倒入丁点儿盐水，不要加清酱，加入葱花、姜汁，揉成鱼圆。鱼圆制作完毕，先入沸水中煮熟，然后捞起，泡在冷水里“养”着，要吃时才放入鸡汤、紫菜滚煮。

鱼片

取青鱼、季鱼切片，用秋油腌浸，再加芡粉、蛋清，起油锅爆炒，用小盘盛起，再撒些葱、椒、瓜、姜。一盘鱼片，最多不过六两，否则火力难透。

连鱼豆腐

大鲢鱼先煎熟，然后下豆腐，洒入酱、水、葱、酒一道滚煮，汤色半红就马上起锅，鱼头尤其鲜美。此为杭州菜式。用多少酱，要视鱼的大小而定。

醋搂鱼

鲜活青鱼切大块，用油一灼，酱、醋、酒一洒，一熟便起锅，不必收汁，汤多才妙。这可是西湖畔五柳居当年最有名的菜，而现在的五柳居醋溜鱼哪里还吃得？其酱味难闻，鱼也不鲜，简直是过分！唉，所谓的宋嫂鱼羹，徒有虚名罢了，看来《梦粱录》也不足为信啊。做醋溜鱼，选鱼很重要，太大则不入味，太小则刺又多。

银鱼

银鱼出水时，又叫“冰鲜”。可加鸡汤、火腿汤煨，又或者炒着吃，甚嫩。银鱼干用水泡软，加酱水炒，亦妙。

台鲞

台鲞好坏不一。最好的产自台州松门，肉质软而鲜肥。台鲞拆碎，可直接当小菜吃，无须再煮。还可以同新鲜猪肉一起煨，必须等肉烂透之后再放鲞，否则鲞会煮化掉，消遁无形。绍兴人也做台鲞煨肉，但他们喜欢冷吃，谓之“鲞冻”。

糟鲞

取大鲤鱼一条，腌后晾干，以酒糟泡坛中，封实。须冬天制作，夏天再吃。不能用烧酒去泡，太辣了。

虾子勒鲞

夏日选白净、带籽的鳓鱼，放水里养一天，淡去海咸味，然后置太阳底下曝晒成鳓鲞。起油锅，下鳓鲞煎至一面黄，取起，另一面铺上虾籽，放盘中，加白糖，蒸一炷香时间。三伏天吃，绝妙。

鱼脯

活青鱼去头尾，斩小方块，用盐腌透，风干。入锅油煎，加作料收卤，最后放入炒熟的芝麻，滚拌两下起锅。这是苏州人的做法。

家常煎鱼

家常煎鱼要有耐心，先将鲩鱼洗净切块，盐腌，压扁，然后下油锅煎，煎至两面黄时，多放酒和秋油，以文火慢慢滚，最后再收汤留卤，使作料之味全入鱼中。不过，这个方法只是针对死鱼而言。如果是鲜鱼，还是速速起锅为妙。

黄姑鱼

岳州出产的小鱼，长二三寸，晒成鱼干寄来。剥去鱼皮，放酒，在饭锅上蒸熟，味道最鲜，谓之“黄姑鱼”。

水族无鳞单

无鳞的鱼，其腥加倍，须以姜和桂皮镇之，格外用心烹之。作《水族无鳞单》。

汤鳗

烹鳗鱼最忌剔骨，正如蒸鲥鱼不可刮鳞，因为鳗鱼天生腥气很重，不可以过分招惹，以免唤起它的邪味而失去它的鲜美。

鳗鱼清煨就很好。以河鳗一条，洗净涎液，斩寸段，入瓷罐中，加酒水煨烂，再转入锅中，下秋油，加新腌的芥菜做汤，多放葱、姜，可杀腥。常熟顾比部家，用芡粉、山药和鳗鱼一块儿干煨，也很妙。或将鳗鱼笔直放置盘中，加作料，不加水，蒸熟。我家侄儿致华分司（袁致华曾任淮南分司）蒸的最好吃了。作料只用秋油和酒，四六开，兑在一起要淹过鳗鱼，蒸的时间须精准，稍久皮就会起皱，鲜味全失。

红煨鳗

鳗鱼用酒、水煨烂，然后加甜酱（而非秋油）收汤煨干，加茴香、大料起锅。做这道菜要防止三点：一鱼皮起皱，皮便不酥；二肉是散的，上不了筷；三过早下盐豉，使肉入口不化。此菜要数扬州朱分司家做的最精到。大抵来说，所谓红煨，最好煨到汤干卤红，使卤味充分进入鳗鱼肉中。

炸鳗

选大条的鳗鱼，去首尾，斩寸段，用麻油炸熟后捞出。蓬蒿菜只要嫩尖，仍用炸鳗鱼的麻油炒熟，然后将鳗鱼倒入，平铺在菜上，加作料，煨一炷香时间。每一斤鳗鱼，用蓬蒿菜半斤。

生炒甲鱼

将甲鱼去骨，用麻油爆炒，加秋油、鸡汤各一杯。这是真定魏太守家的做法。

酱炒甲鱼

甲鱼煮至半熟，去骨，起油锅爆炒，加酱水、葱、花椒，收汤成卤，然后起锅。这是杭州人的做法。

带骨甲鱼

既然要“带骨”，则甲鱼宜小不宜大（有一种俗称“童子脚鱼”的小甲鱼最嫩），要一个半斤重的，斩作四块，加板油三两起油锅，甲鱼煎至两面黄，加水、秋油、酒煨煮，先武火，后文火，煨至八分熟再加蒜，起锅时撒入葱、姜、糖。

青盐甲鱼

将甲鱼斩作四大块，先起油锅炸透，再加作料煨煮——一般来说，每斤甲鱼用酒四两、大茴香三钱、盐一钱半——煨至五分好，下猪油二两，将甲鱼切成豆子小块再煨，加蒜头、笋尖，最后下葱、花椒起锅。也可以用秋油，那就不用放盐。这是苏州唐静涵家的做法。甲鱼大则肉老，太小则腥，必须买不大不小的才好。

汤煨甲鱼

将甲鱼白煮，去骨壳，肉拆碎，用鸡汤、秋油、酒煨汤两大碗，收至一碗时起锅，撒入葱、花椒、姜末。吴竹屿家做的最好吃。稍微勾点芡，汤才够黏稠。

全壳甲鱼

山东杨参将家里烹甲鱼，将头和尾斩去不要，只取肉和裙边，加作料煨好后，又将壳盖回去。上菜时，一个小盘里装一只甲鱼，客人看到都要吓一跳，还生怕它是活的。可惜不肯传授其做法。

鳝丝羹

将鳝鱼煮到半熟后，取出，去骨切丝，用酒和秋油煨煮，加一点点芡粉，然后加入真金菜、冬瓜和长葱，做成羹。南京的厨师们动辄把鳝鱼煎得像炭一样，很令人费解。

炒鳝

鳝鱼切丝，炒至略焦，不要加水。跟炒肉鸡的方法一样。

段鳝

鳝鱼切寸段，如煨鳗鱼法煨之，又或者先用油煎硬，再用冬瓜、鲜笋、香菇做配菜，用少许酱水，多用姜汁。

虾圆

虾圆可按照鱼圆的方法，用鸡汤煨煮，或干炒亦可。虾肉若捶得太烂，真味全失，做鱼圆也是如此。要不就干脆直接剥出虾仁，拌紫菜，也很好吃。

虾饼

将虾肉捶烂，揉成团煎熟，是为虾饼。

醉虾

鲜虾带壳用酒煎黄后捞起，再加清酱、米醋煨之。起锅后，放入深腹碗中闷着。要吃的时候，才放入盘中，这时连虾壳都已经酥烂。

炒虾

照炒鱼的方法来炒虾，可配韭菜。或者加冬腌芥菜炒之，那就不能放韭菜。有人将虾尾捶扁后，不放任何配菜单炒，这倒是很新奇！

蟹

蟹宜寡吃，无须配菜。用淡盐水煮螃蟹最好吃，自己剥给自己吃，妙不可言。至于清蒸螃蟹，虽说保留了真味，但还是略嫌清淡。

蟹羹

将煮熟的螃蟹剥壳，再用原汤将蟹肉煨成羹，不要加鸡汤，保持蟹味的纯粹为妙。见过有庸厨往里面加鸭舌，或鱼翅，或海参，不仅糟蹋了螃蟹的真味，还让人吃得一嘴的腥气，低劣之极！

炒蟹粉

要现剥现炒才好。剥了壳的蟹肉晾上两个时辰就变得干巴巴的了，也没了那味道。

剥壳蒸蟹

将蟹剥壳后，只取蟹肉、蟹黄，仍放回空壳中。一道菜只做五六只，搁在生鸡蛋上面，然后放入蒸笼同蒸。上桌时，蟹身仍较完整，只是少了钳和腿，感觉比炒蟹粉更有新意。杨兰坡明府以南瓜肉拌蟹蒸，也很新奇。

蛤蜊

剥壳，蛤蜊肉同韭菜炒，好吃。也可以做汤，但不宜久煮，久则枯。

蚶

蚶有三种吃法。一用热水烫开壳，趁肉半熟，用酒和秋油“灌醉”它；二用鸡汤滚熟之后，去壳入汤；三去蚶壳，剥肉做羹。其要诀都在起锅要快，稍迟则肉枯。蚶产于奉化县，等级在车螯、蛤蜊之上。

车螯

先将五花肉切片，加作料焖烂。将车螯洗净，用麻油炒一炒，然后将五花肉连汤卤一块儿，倒入同烹。要多放秋油，才够味。也可以加豆腐。车螯从扬州运来，怕在路上变味的话，可以剥壳取肉，置猪油中，就不怕路途遥远了。有晒干的车螯肉，也好吃，放入鸡汤中煮，味道在蛏干之上。车螯还可以捶肉做饼，像煎虾饼那样煎熟拌佐料吃，也好吃。

程泽弓蛏干

商人程泽弓家自制的蛏干，须用冷水泡一天，再用滚水煮两天才能发开，其间得换五次水。原本一寸大小的蛏干，完全发开之后，足足有两寸，仍像鲜蛏一样鲜嫩，这时才可以放入鸡汤煨煮。扬州人纷纷学他，但都望尘莫及。

鲜蛏

鲜蛏的烹法和车螯一样。或者不用五花肉，单炒也可以。又想起何春巢家做的蛏汤豆腐，竟成了我吃过的最好吃的一道蛏肴。

水鸡

单取水鸡腿，先用油灼一下，再加秋油、甜酒、瓜、姜起锅。或者水鸡肉切碎炒，味道似鸡肉。

熏蛋

将鸡蛋加作料煨好，微微熏干，切片放盘中，可以当下饭菜。

茶叶蛋

鸡蛋一百个，用盐一两，加粗茶叶煮，时长为两支线香。如果只煮五十个鸡蛋，就用五钱盐，以此类推。可以当点心吃。

菜有荤素，正如衣服分表里。其实富贵之人，爱吃素菜多过荤菜。作《素菜单》。

蒋侍郎豆腐

豆腐两面去皮，每块切成十六片，晾干。猪油热至青烟起，将豆腐片下油锅，撒盐花一撮，翻面，用好甜酒一茶杯、大虾米一百二十个；没有大虾米，就用小虾米三百个。先将虾米滚泡一个时辰，然后加秋油一小杯，再滚一回，加糖一小撮，再滚一回，最后下半寸长的细葱段一百二十段，缓缓起锅。

杨中丞豆腐

将嫩豆腐煮去豆腥，放入鸡汤，和鲍鱼片一同滚上几刻钟，加糟油、香菇，起锅。做这道菜，鸡汤须浓，鲍鱼片要薄。

张恺豆腐

将虾米捣碎，和在豆腐里，起油锅，加作料干炒。

庆元豆腐

豆豉一茶杯，用水泡烂，捞出与豆腐同炒，即可起锅。

芙蓉豆腐

将豆腐脑用井水浸泡三次，去豆腥，入鸡汤中滚煮，起锅时加紫菜、虾肉。

王太守八宝豆腐

将嫩片豆腐切至极碎（或直接用豆腐脑），加香菇屑、蘑菇屑、松子仁屑、瓜子仁屑、鸡肉屑、火腿屑，一同投入浓鸡汤中拌炒，及滚，起锅。吃的时候要用瓢舀，筷不能夹矣。孟亭太守说：“这还是圣祖康熙爷赏赐给徐健庵尚书的食方，尚书去御膳房领取这方子的时候，可花了一千两银子呢！”太守的祖父楼村先生是徐健庵尚书的门生，这才有机会得到此方。

程立万豆腐

乾隆二十三年在扬州，我和金寿门上程立万家里吃煎豆腐。那豆腐煎得两面干黄，不见半点汤汁酱卤，吃起来如有丝缕车螯的味道在，然而盘子里并没看到车螯，也无任何配料。第二天，我讲给查宣门听，查说：“这还不容易？我会做啊，请你吃就是了！”不久，拉着杭董莆一道去了查家。才吃了一筷子，我就笑，这哪里是什么豆腐，纯粹是用鸡、雀的脑髓做的假豆腐，肥腻难咽。这盘“豆腐”造价可不菲，然而味道却比程家的差远了。只可惜，因为家妹去世，我急忙赶回了南京，临行也顾不上去程家辞别，并向他请教食方。程第二年也去世了。未得其法，我悔憾至今。仍存留菜名于此，以便日后有机会再访能者。

冻豆腐

将豆腐冻上一夜，切作方块，入水煮去豆腥味，再加鸡汤、火腿汤、肉汤煨煮。上桌时再捞去汤里面的鸡肉、火腿之类，作料只留香菇和冬笋。新鲜豆腐一直煮，也可以变得跟冻豆腐一样蓬松多孔。所以说，炒豆腐宜嫩，煮豆腐宜老。致华分司家用蘑菇煮豆腐，在夏天也可以按照煮冻豆腐的方法来煮，只是千万不可以加荤汤，那样反而失去了豆腐的清淡。

虾油豆腐

用陈年虾油代替清酱炒豆腐。须煎至两面金黄。油锅要热，用猪油，加葱、花椒起锅。

蓬蒿菜

择嫩尖，用油烫蔫，入鸡汤中滚煮，起锅时再放一百朵松菌。

蕨菜

蕨菜只留直茎，摘除顶部的枝叶（没什么好可惜的），洗净煨烂，再用鸡肉汤煨。买蕨菜一定要买短的，短的肥。

葛仙米

将葛仙米淘洗干净，先用水煮半烂，再用鸡汤、火腿汤煨煮。上菜时，不要有鸡肉、火腿掺杂，最好整盘只见葛仙米。陶方伯家做这道菜最精到。

羊肚菜

羊肚菜产自湖北，吃法跟葛仙米一样。

石发

做法与葛仙米相同。夏天用麻油、醋、秋油拌食，也很好吃。

珍珠菜

做法和蕨菜一样。是新安江上游的特产。

素烧鹅

山药煮烂熟，切寸段，豆腐皮裹之，下油锅煎，加秋油、酒、糖、瓜、姜，煎至色红皮亮，若烤鹅。

韭

韭，荤菜专用也。只摘韭白，和虾米炒一炒，便是一道好菜。又或者炒鲜虾也可以，炒蚬也可以，猪肉也可以。

芹

芹，素菜专用也，越肥越好。摘除青枝绿叶，只留白色的梗子，与笋配，炒熟即可。如今竟有人用芹菜来炒肉，就好比引清流入浊水，不伦不类。芹菜要熟才好，半生不熟虽然上口脆，但完全不入味。也有人用生芹菜凉拌野鸡肉，那又另当别论。

豆芽

豆芽柔且脆，我就很爱吃豆芽。炒着吃，一定要熟烂，才能入味。豆芽配燕窝，正好以柔配柔，以白配白。然而，它同时又是以极贱配极贵，所以很多人对这种吃法都嗤之以鼻，他们不知道，唯有巢父、许由的德行才能配得上唐尧、虞舜啊！

茭白

茭白炒肉、炒鸡都好吃。茭白切圆段，涂酱醋烤熟吃，尤其妙。煨肉吃也不错，茭白须切片，片长约寸许。刚刚长出来的茭白不要采，太细，而且无味。

青菜

可选嫩青菜，和笋炒。夏天吃，拌芥末，加点醋，有醒胃之用。青菜加火腿片煮，可以做汤。必须是现摘的青菜才软。

台菜

炒苔菜心非常柔嫩，剥去外皮，加蘑菇、新笋煮汤。或与虾仁同炒，亦好。

白菜

白菜炒熟就行，或与笋煮也可以。加火腿片煮，入鸡汤煮都可以。

黄芽菜

黄芽菜还是北方的好。或用醋溜，或加虾米煮，一熟便吃，稍一煮久则色、味均差矣。

瓢儿菜

炒瓢菜心，要干炒才鲜，不能有汤。若逢雪天，菜在地里经雪一压，炒出更软。王孟亭太守家炒的瓢菜心最好。就用猪油来炒，不配别的菜。

八十八歲白石老人作

菠菜

菠菜肥嫩，加酱水跟豆腐一煮，就是杭州人所谓的“金镶白玉板”。像菠菜这样虽瘦犹肥之物，大可不必再加笋尖、香菇同煮。

蘑菇

蘑菇不仅可以做汤，炒着吃也好吃。但口蘑特别容易藏沙子，更加容易受霉，必须合理贮藏，料理得当。鸡腿菇便容易收拾些，也更加方便料理。

松菌

松菌和口蘑一起炒最好吃。或者就秋油泡松菌，也好吃。唯一的缺点是，稍微放久就不新鲜了。但它又能入百菜而助鲜，还可以入燕窝做底垫，因为它嫩。

面筋二法

一法：面筋入油锅炸干，再用鸡汤、蘑菇清煨。另一法：不炸，用水泡一泡，切条，放浓鸡汤炒，加冬笋、天花菜。这是章淮树道员家最擅长的做法。装盘时将面筋条随意撕成不规整的小块（不宜刀切）。又或者将虾米和面筋一块泡发，然后捞出，用甜酱炒，甚好。

茄二法

吴小谷广文家，将整茄削皮，滚水泡去苦汁，先用猪油炸（必须沥干了水方可油炸），然后加甜酱水干煨，非常好吃。卢八太爷家则不去皮，切作小块，油中灼至微黄，再加秋油爆炒，也好吃。但这两种方法（我都学会了）还是不能穷尽茄子全部的妙处。唯有用我自己的土办法，将茄子整条蒸烂、划开，用麻油、米醋拌上，夏间吃来还颇觉可口。或者置炭火上煨烤，做成干茄脯，装在盘子里，随时可以吃。

苋羹

苋菜只摘嫩尖，干炒；加虾米或虾仁，更好。一定是干炒，不能有汤。

芋羹

芋头性情柔腻，入荤菜素菜都可以。或者切碎佐鸭羹，或者煨肉，或者加酱水与豆腐同煨。徐兆璜明府家专选小芋头，入嫩鸡，酱汁熬煮，妙极！可惜没有传授他的做法，大概是只用作料，不加水吧。

豆腐皮

将豆腐皮泡软，加秋油、醋、虾米拌上，适合夏天吃。蒋侍郎家用它来佐海参，颇妙。豆腐皮加紫菜、虾肉做汤，也很搭。或用

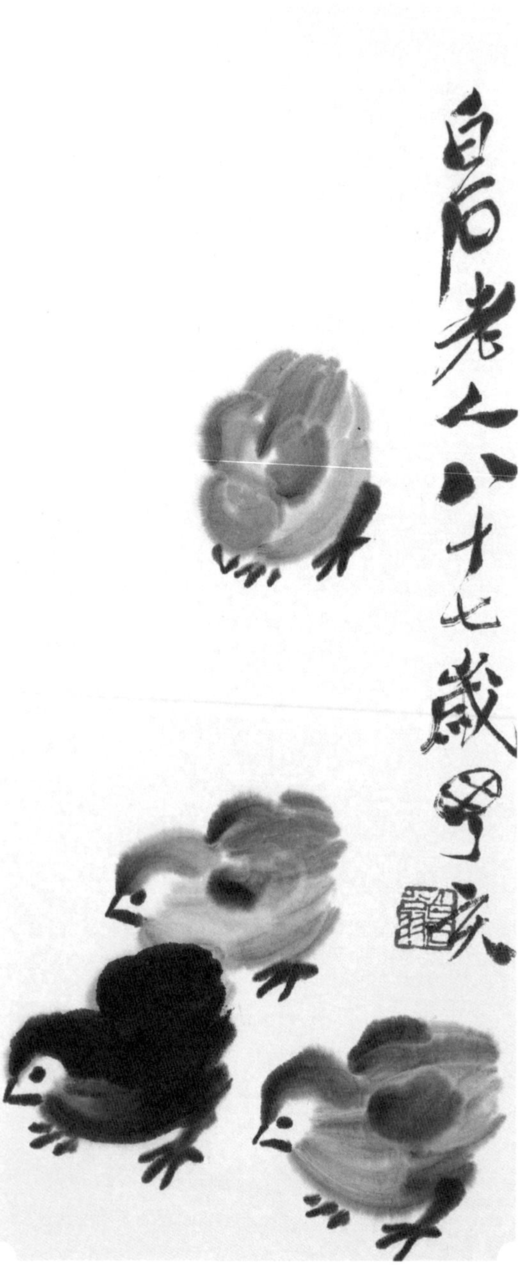
白石老人八十七歲

蘑菇、笋煮清汤，煮烂起锅，亦好。芜湖敬修和尚将豆腐皮卷成筒状再切段，热油微炸，放入蘑菇煨烂，极好，但不得用鸡汤煨。

扁豆

扁豆现采，放点肉，加水炒，熟后将肉扒除，只吃扁豆。不放肉的话，单炒也可以，须重油才好吃。好的扁豆又肥又软，而瘠地里种出来的扁豆，就是扁趴趴的，多毛少肉，不好吃。

瓠子、王瓜

将草鱼切片，先炒，后加瓠子，倒入酱汁煨。王瓜亦然。

煨木耳、香蕈

扬州定慧庵的僧人，能将木耳煨到两分厚，将香菇煨到三分厚。事先用蘑菇熬汤做卤。

冬瓜

冬瓜的用途最广，伴燕窝、鱼肉、鳗、鳝、火腿都可以。扬州定慧庵煮的冬瓜尤其好，不用荤汤，红若血珀。

煨鲜菱

煨鲜菱要用鸡汤滚煮，上菜时将汤倒掉一半。鲜菱生池中，浮出

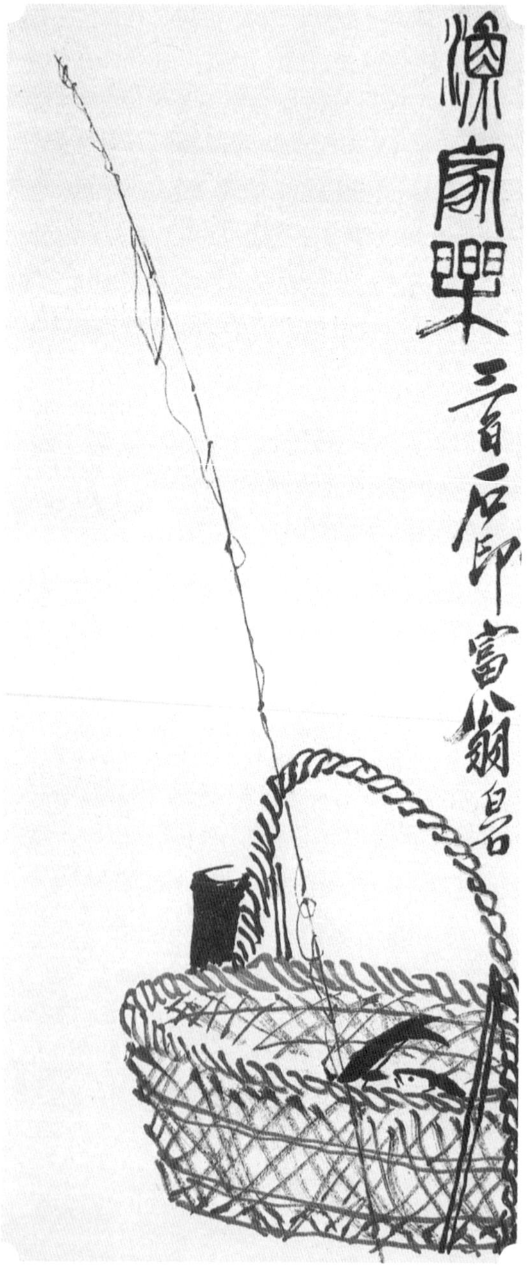
漁家樂
三百石印富翁白石

水面的才嫩，现采现吃才鲜。加新摘的栗子、白果煨烂，尤其好。也可以放糖。还可以做点心吃。

豇豆

选最嫩的豇豆，撕去两侧的筋条，同肉炒，临上菜时扒掉肉，只留豇豆。

煨三笋

将天目笋、冬笋、问政笋，入鸡汤同煨，谓之“三笋羹”。

芋煨白菜

将芋头煨至极烂，再放入白菜心，加酱水调和，这就是最好的家常菜了。但必须是刚刚摘的又肥又嫩的大白菜，贮存的大白菜水分没那么多，叶色转青的也不要，说明已经老了。

香珠豆

好毛豆煮熟，浸蘸秋油和酒，剥壳吃也行，带壳嚼亦可，同样香软可爱。但必须是八九月间晚收的毛豆，其荚宽大、颗粒饱满且愈发鲜嫩，号称“香珠豆”。若非此时节的毛豆，稀松平常，不值一吃。

临池观鱼乐　鱼乐如作纹莲坑睛
弄影蒲浦丽纷峰

白石山翁题觉思记

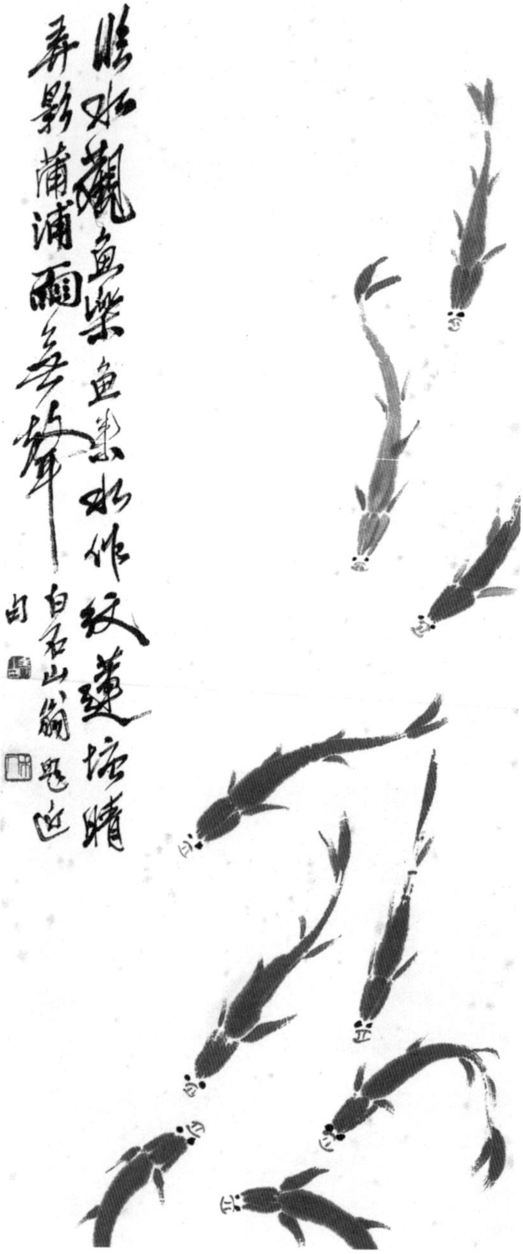

马兰

马兰头菜，摘取嫩者，加醋，和笋拌食。此物醒脾，所以吃完油腻的东西之后，吃它最好。

杨花菜

南京三月有杨花菜，柔而脆，像菠菜，名字很雅致。

问政笋丝

问政笋，即杭州笋。而徽州人从老家送来的，大多是淡笋干，只好先将它泡发了，再切丝，用鸡肉汤煨着吃。龚司马用秋油煮笋，烘干上桌，连徽州人吃了都很惊讶，才知问政笋竟如此鲜美。我笑他们“恍若大梦初醒”。

炒鸡腿蘑菇

芜湖大庵的和尚们，将鸡腿洗净，蘑菇洗去沙，加秋油、酒一起炒熟，装盘宴客，非常好吃。

猪油煮萝卜

用熟猪油炒萝卜，加虾米煨至熟烂，加葱花盛起，色如琥珀。

予之畫動物人謂太不似予自謂過于似二者孰是非

小菜单

小菜能佐主食，好比小吏、衙役辅佐六官。醒脾胃、解浊气，全在它。作《小菜单》。

笋脯

笋脯到处有卖，自家园林里自采自烘的才最好吃。将鲜笋加盐煮熟后，上篮烘烤，须昼夜留意火候，稍有不旺，烘出来的笋脯就会散发一股酸臭。煮的时候，如果还加了清酱的话，烘出来颜色会有一点发黑。春笋、冬笋都可以烘制。

天目笋

天目笋干大多在苏州发售。商贩将笋装在小篓里，底下难保不掺杂些老根硬节，而专留最好的盖在上面，所以看上去篓篓都是好笋。可以专买篓面上的那几十根好笋，每个商贩那里凑一点，集腋成裘，但必须出高价才成。

玉兰片

用冬笋片烘制而成，加了一点蜂蜜在里面。苏州孙春杨家的玉兰片有咸、甜两种口味，咸者更胜。

素火腿

处州笋脯，亦即处片，号称“素火腿”，放久了嫌硬，还不如自己买些毛笋来烘制。

宣城笋脯

用宣城笋尖加工而成，色黑肉肥，与天目笋大同小异，极好。

人参笋

将细笋烘制成人参形，加一点点蜂蜜水。扬州人视若珍馐，所以价格也比较昂贵。

笋油

用十斤笋，蒸一天一夜，将笋节贯通，铺在板上，上面再盖一块板用力压榨，就像做豆腐一样，流出来的汁水，加炒盐一两，便是笋油。而笋肉晒干后照样可以做笋脯，两不误。天台山僧人每年都要榨些笋油，用来送人。

糟油

糟油产于江苏太仓州，陈年弥香。

白石老人戲示

虾油

买虾籽数斤，和秋油熬煮，起锅后，用一块布滤去秋油，虾籽就以此布包裹，藏入罐中用油浸泡。

喇虎酱

将秦椒捣烂，和甜酱蒸，亦可掺入虾米同蒸。

熏鱼子

熏鱼子出自苏州孙春扬家，色如琥珀，油要多多的才好。所以越新越妙，因其油多。放得越久，则油枯而变味。

腌冬菜、黄芽菜

腌冬菜、黄芽菜，味道淡一点吃着才鲜，咸了就不好吃了。但是若想放得久，没有盐味又不行。我曾腌过一大坛，三伏天开坛，上半截都沤烂变臭了，而下半截却香美异常，色白如玉。所以说看人不能光看外表，这话说得太对了。

莴苣

莴苣的两种吃法：用酱一腌就吃，口感松脆可爱；或者腌成菜干切片吃，味甚鲜美。两者都是宜淡不宜咸。

香干菜

春芥心风干后，只取梗子，淡腌，晒干，加酒、糖、秋油，拌一拌再蒸熟，再风干，装入瓶中。

冬芥

冬芥，又名雪里蕻。可整棵腌制，以淡腌为佳。另一种吃法：只要菜心，风干后斩碎，腌入瓶中，用它佐鱼羹极鲜。又或者将冬芥用醋稍煨，下锅煮一煮做成辣菜也行。煮鳗鱼、鲫鱼的时候，放点芥辣菜，最好吃。

春芥

取芥菜心风干、斩碎，腌熟后装入瓶中，谓之“挪菜”。

芥头

将芥菜头切片，与芥菜一起腌，甚脆。又或者不切片，整个腌，然后晒成菜干，味道尤其好。

芝麻菜

其实还是芥菜，腌熟晒干，斩到极碎，蒸来吃，谓之“芝麻菜”。适合老年人。

腐干丝

将上好的豆腐干，切丝如发，用虾籽、秋油拌之。

风瘪菜

将冬菜心风干后腌浸，拧干，装小瓶中，用泥封实，倒放灶灰上。要放到夏天才拿出来吃，颜色已经发黄，闻起来香。

糟菜

将腌过的风瘪菜用菜叶包起来，包好一包，就在上面铺一层酒糟，然后叠放在坛子内里。食用时，拿出一包拆开即吃，糟本身不会沾在菜上，而糟味却沁入菜里。

酸菜

冬菜心风干，加糖、醋、芥末微腌，连卤装入罐中，可以加一点点秋油。酒席上，客人吃得酒足饭饱的时候，上这道菜最好，有醒脾解酒之用。

台菜心

取春天的台菜心，腌制后挤干卤汁，装在小瓶中，夏天吃。台菜心的花风干后，就叫“菜花头”，可以煮肉吃。

大头菜

南京承恩寺产的大头菜，越陈年的越好。用它炒荤菜，最能激发出肉鲜。

萝卜

大肥萝卜酱上一两天，吃起来甜脆可爱。有姓侯的尼姑能将整个萝卜剪成蝴蝶薄片，晒成萝卜干后，首尾一拉能伸至一丈长，而且仍然接连不断，非常神奇。承恩寺有卖酸萝卜的，用醋泡酸，泡得久才好吃。

乳腐

苏州温将军庙前面有一家，做得很不错，其腐乳呈黑色，味道鲜美。腐乳有两大风格：干腐乳和湿腐乳。有一种虾籽腐乳，也特别好吃，美中不足是略腥了一点。最好的还是广西的白腐乳。此外，王库官家制作的腐乳也很好。

酱炒三果

核桃肉、杏仁去薄皮，榛子不必去皮，一同炸脆，再下酱料，即可。不能炸得太焦，酱也须视分量而加减。

酱石花

将石花洗净腌入酱中，临吃前再洗去酱卤。又叫麒麟菜。

石花糕

将石花熬烂成膏，用刀划成小块，颜色很像蜜蜡。

小松菌

将小松菌用清酱滚熟，收汁，拌入麻油后装罐贮存。必须两天内吃完，放久就变味了。

吐蛈

吐蛈的产地在兴化、泰兴。选天生极嫩者，浸入酒酿中，加糖，它吃了糖，就会乖乖地吐出油来。吐蛈虽名“泥螺”，但是没有泥的才好。

海蝘

嫩海蝘，用甜酒浸泡，颇有风味。海蝘光滑的部分叫“白皮子”，可以切丝，拌酒、醋吃。

虾子鱼

虾子鱼产于苏州，刚孵化的幼鱼，身上即有鱼子。更适合鲜吃，好过晒作鱼干。

酱姜

取嫩生姜微腌，先后用粗酱、细酱共涂上三层方可。古法有在酱中放一只蝉壳，可保嫩姜久放不老。

酱瓜

将瓜稍腌过，风干上酱，做法跟酱姜一样。做得好的，又甜又脆，而甜很容易，难得的是脆。杭州施鲁箴家做得最成功。据说是上酱之后，晒干，又酱，所以它的皮又薄又皱，上口极脆。

新蚕豆

选较嫩的新蚕豆，和腌芥菜一起炒着吃，甚妙。但必须是刚刚摘的蚕豆才好。

腌蛋

高邮的咸蛋好，开一个，红彤彤的，流很多油！高文端公最爱吃咸蛋，常常推己及人，一开席就先夹块咸蛋敬客人。咸蛋装盘，应该带壳切开，每一片都有黄有白，不能光上一盘蛋黄，那味道就不全了，而且蛋油会流得到处都是。

混套

鸡蛋壳开小洞，倒出蛋液，蛋黄不用，在蛋清里拌入煨好的浓鸡汤，用筷子不停拌打，使蛋清和鸡汤充分融合，然后再装入蛋壳中，用纸封住洞口，上饭锅蒸熟。剥去外壳，又是活脱脱的一枚熟鸡蛋，味极鲜美。

茭瓜脯

将茭瓜用酱稍腌，取出，晾干，切片，制成脯，跟笋脯相似。

牛首腐干

牛首山上的僧人做的豆腐干好吃。山下也有七家在卖豆腐干，但做得好的只有晓堂和尚一家。

酱王瓜

初长成的王瓜，选较细嫩的入酱腌。脆而鲜。

点心单

『点心』由来久矣，梁昭明即以点心为小食，唐人郑傪之妻劝叔『且点心』。作《点心单》。

鳗面

大鳗鱼一条蒸烂，拆肉去骨，入面和匀，倒入鸡汤揉成面团，擀皮，用小刀划作细条，投入煮开的鸡汤、火腿汤、蘑菇汤中滚煮。

温面

先将细面用滚汤煮熟，捞起沥干，装碗中；将鸡肉和香菇炒作浓卤，舀一瓢浇面上，拌匀了吃。

鳝面

用鳝鱼熬汤卤，再放面条进去滚煮。这是杭州人的吃法。

裙带面

用小刀切面成条，稍宽，谓之“裙带面”。吃裙带面，汤宜多，面一点点，碗中当见汤不见面，宁可让客人吃完再加。所谓“引人入胜”，就是这个道理吧。此法在扬州盛行，也是有它的道理的。

素面

头一天用蘑菇菌盖熬卤，沉淀一日；次日再用笋熬卤，两卤同滚，放面条煮。扬州定慧庵的僧人们用这个方法煮的素面极其精妙，但不肯传人。不过按上述步骤去做，也能做个八九不离十。有人说，定慧庵的素面卤之所以是纯黑色的，是因为僧人们暗暗用了虾卤、煮蘑菇的原汤，僧人们只是将其沉淀、去泥沙，而并没有重新换水，一换水，原味便薄了。

蓑衣饼

和面需用冷水，水不可多，揉好擀薄一遍，卷拢再揉，再擀薄了，均匀地抹上猪油，撒上白糖，再卷拢再揉，再擀成薄饼，下煎锅用猪油煎黄。如果要吃咸的，就把糖换成葱、椒、盐。

虾饼

生虾肉，葱、盐、花椒、甜酒脚少许，加水和面，一块搅上，用香油炸透。

薄饼

山东孔藩台家摊的薄饼，薄若蝉翼，大若茶盘，吃在嘴里柔软细腻，令人叫绝。家仆按照他传授的方法去做，效果相去甚远，不知何故。秦人所做“西饼”，也堪称一绝：一个小锡罐，里面竟然装有三十张饼，宴客的时候，每位客人发一罐就行了。那饼小得，手指头捏着，恰似柑饼一枚。锡罐上还有一个小盖，里面装的是饼馅，有炒肉丝，猪肉丝、羊肉丝都有，还有葱丝，全都细若发丝。

松饼

南京莲花桥教门方店，制松饼最好。

面老鼠

用热水将面和好，以筷子夹面团，形状随便、大小不拘，投入沸鸡汤中，再加新鲜菜心同煮，别有风味。

颠不棱（即肉饺也）

糊面摊开，裹肉馅蒸熟。此物好吃不难，只需馅做得好，而做馅又无非是挑嫩的肉，筋膜去去、作料加加而已。我到广东时，在官镇台吃过一次肉饺，真不错。人家的馅是将肉皮熬成膏再包进去的，故觉软美。

肉馄饨

做馄饨与做肉饺的方法一样。

韭合

韭菜切末，拌肉，加作料，用面皮包起来，以油炸。揉面的时候，加点奶酥，更妙。

糖饼（又名面衣）

用糖水来和面，起热油锅，筷子夹面团入锅煎。也有人将其摊成饼状，谓之“软锅饼”。这是杭州人的做法。

烧饼

将松子、核桃仁敲碎，与糖屑、猪板油一块，入面粉和上，烤至两面黄，再撒上芝麻即可。扣儿会做，他每次都要将面粉筛上四五次，筛出来，雪白雪白的。做烧饼，必须有一柄两面锅，上下同时放炭火烤。和面时放奶酥会更好吃。

千层馒头

杨参戎家做的馒头白如雪，掰开看时，如有千层。金陵人是做不出这样的馒头的。其精髓扬州人只学到了一半，另外一半被常州人、无锡人学去了。

面茶

煮粗茶水，将面粉炒熟后，兑入茶中，作料可用芝麻酱，也可以用牛奶，稍放盐一撮。没有牛奶的，可以奶酥、奶皮代之。

杏酪

杏仁捣成浆，滤去渣，拌入米粉，加糖熬煮。

粉衣

跟面衣是一样的做法，面粉换成米粉而已。咸甜俱可，悉听尊便。

竹叶粽

以竹叶裹白糯米，煮熟。尖尖细细，像初生的菱角。

萝卜汤圆

将萝卜刨丝，焯水去异味，熟后捞出，稍微晾干，加葱、酱拌上，裹入粉团做馅，再用麻油炸熟吃。也可以入汤滚熟吃。春圃方伯家还用这个方法来做萝卜饼，扣儿从他那里学了过来。还可以尝试用同样的方法来做韭菜饼、野鸡肉饼。

水粉汤圆

用水粉做的汤圆，滑腻之极。水粉汤圆可以做成松仁馅的、核桃馅的、猪油馅的、糖馅的，还有鲜肉馅的。肉馅宜选嫩肉去筋丝，棒捶如泥，加葱末、秋油。说完做馅，再来说做水粉：先将糯米用水浸一天一夜，然后磨成浆，用布接住，滤去水分，把细粉晒干就是水粉。布底下放些柴灰，可以去米渣。

脂油糕

用纯糯米粉拌猪油，装在盘子里蒸熟，再加入碎冰糖。蒸好之后，用刀切开。

雪花糕

将蒸好的糯饭捣烂，用芝麻屑加糖填馅，打成一张饼状，再切成规整的小方块。

软香糕

软香糕，要数苏州都林桥的最好。其次是西施家的虎丘糕。而南京南门外报恩寺只能排第三了。

百果糕

杭州北关外卖的百果糕最好，其糕软软糯糯，其百果多用松仁、核桃，而且还不放橙丁。食之软润香甜，但不是蜜的甜，也不是糖的甜。家里一般做不了，想吃可以多买点，能放很久。

栗糕

将栗子煮至极烂，和入纯糯米粉中，加糖蒸制成糕，上面撒一些瓜子、松仁。此为重阳节小食。

青糕、青团

青草捣出汁，入米粉和上，做成粉团，颜色似碧玉。

合欢饼

像蒸饭一样将糕蒸熟，填入圆形玉璧状的木模中定型、印花，再放到铁架上烤。稍微刷点油，这样才不会粘架。

鸡豆糕

鸡豆研碎，掺入少量米粉，制成糕，放盘中蒸熟。吃时用小刀划开。

鸡豆粥

鸡豆磨碎煮粥，最好是新鲜鸡豆，陈年的也行。加山药、茯苓，尤其美妙。

金团

杭州人做金团，先刻木模，凿出桃、杏、元宝等形状，再将揉好的米粉握成小团，压入木模定型。其馅可荤可素。

藕粉、百合粉

宁可相信一点：但凡不是自家磨的藕粉，都是假的。百合粉亦然。

麻团

糯米蒸熟捣烂，揉成圆团，馅心用芝麻屑拌糖。

芋粉团

将芋头磨成粉晒干，兑米粉制团子。朝天宫道士做的野鸡馅芋粉团，好吃极了。

熟藕

吃藕必须自煮，将藕眼灌米，加糖煮，连汤都美味极了。外面卖的大多加了碱水，味道不对，没法吃。我天性爱吃嫩藕，就算煮至软熟，仍须用牙咬断咀嚼，所以能吃到它的全味。不像老藕一煮便成泥，入口即吞，不及品味。

新栗、新菱

新熟的栗子，摘下，煮烂，有一股松子仁的香味。金陵人一辈子都吃不到这种味道，因为他们的厨子打死也不肯把栗子煮烂。新菱也是如此。这也是为什么金陵人总要等栗子、菱角老了之后，才肯采来吃。

莲子

建莲虽名贵，但不像湖莲那么好煮。大致是先将莲子稍煮，断生则捞出，抽芯去皮，然后下汤中，锅盖实，文火慢煨两炷香时间，期间不可以揭盖探视，不可以停火再煨。这样煮出来的莲子，吃起来才不会生涩。

芋

十月，天晴的时候，将芋子、芋头晒得很干，藏在草窝里，不让它们冻伤。第二年春天再拿出来，把它们煮了吃了，有一种大自然的甘香。这种做法，一般人是不会知道的。

萧美人点心

仪真南门外，萧美人会做点心，她会做馒头、糕、饺等等，全都小巧可爱，洁白如雪。

刘方伯月饼

用山东飞面做酥皮，馅心用松仁、核桃仁、瓜子仁研细，再加上一点冰糖和猪油。既不会觉得太甜，又非常香松柔腻，与平常吃的月饼还是很不一样的。

陶方伯十景点心

每到春节，陶方伯夫人就要亲手制作十样点心，都是用山东飞面所做。这十样点心全都形状诡谲，色彩缤纷，食之甘甜，令人应接不暇。萨制军说：“吃孔方伯薄饼，而天下之薄饼可废；吃陶方伯十景点心，而天下之点心可废。”不曾想，自陶方伯死后，十景点心便落得个《广陵散》一样的命运，一曲终竟成绝响，呜呼哀哉！

杨中丞西洋饼

将鸡蛋清打入飞面，调成面糊，装入碗中。专门打造一把烙饼用的铜夹剪，头端做成饼的形状，大小似蝴蝶，上下两面可分开叠合，叠时合缝不到一分宽。生旺火，将铜夹剪头端张开烤热，舀一勺面糊倒进去，一刮，一剪，一烙，马上就是一张饼，雪白雪白，像绵纸一样透明。最后再撒上点冰糖屑、松仁屑。

白云片

南殊锅巴，薄如绵纸，用油煎一下，稍加白糖，上口极脆。金陵人做得最好，谓之“白云片”。

风枵

用最好的米粉，浸透揉软，制成小片，用猪油煎，起锅时裹上白糖，看上去就像打了一层霜，吃到嘴里，糖就先化开了。杭州人称之“风枵”。

三层玉带糕

用纯糯米粉制成糕，分作三层：两层粉，中间夹一层猪油、白糖，蒸熟后切开。这是苏州人的做法。

运司糕

卢雅雨做运司的时候，已经老了。扬州某店专做糕点送给他吃，卢运司吃完之后大加赞赏。所以从此就有了“运司糕”这个名字。其糕，色白如雪，中间一点胭脂，红若桃花。只放丁点儿糖做馅，淡淡的，反而更惹人回味。运司糕还数运司衙门前的那家店做得最好，其他店的出品都比较粗糙劣质。

沙糕

用糯米粉蒸糕，中间夹芝麻蓉、糖屑。

小馒头、小馄饨

将馒头做成核桃大小，直接就蒸笼吃，一筷子下去能夹起俩。这是扬州人的杰作。扬州人发酵最厉害，他们蒸的面点，用手按住还不到半寸，一松手又隆起老高。小馄饨，只有龙眼那么点大，煮熟后下鸡汤中。

雪蒸糕法

糯米掺粳米，二八比例，磨细粉，置盘中，用凉水细细洒之，直到米粉捏可成团、扬则如沙。用粗眼麻筛先筛一遍，将没筛出去的结块捏碎再筛，直至全部碎而筛出后，将先后筛得的粉和匀，使干湿适中。用布盖住，保持润度，备用。（洒入的水中加洋糖更有味，市场上卖的枕儿糕就是这样做的。）

备锡圈、锡钱，洗刷干净，再用蘸过水和香油的抹布擦拭一遍（每蒸一回，都要洗一次、擦一次）。先将锡钱置于圈底，然后往圈内填米粉，填至半满再铺一层果馅，最后再用米粉将锡圈填满，并轻轻捶打平整——整个填充的过程都不得用力压，要松装轻填。

将填好粉的锡圈套在汤瓶上，盖住瓶口，看到盖口有热气冲出时，再将锡圈取出倒扣，使糕脱圈，然后拿掉锡钱，点上胭脂印。可以多准备一个锡圈，两圈交替使用。汤瓶壶一定要洗干净，装水只到瓶肩即可。一直滚容易把水煮干，所以须留心看视，备好热水随时添上。

作酥饼法

凝固的猪油一碗，开水一碗，先将油和水搅匀，倒入生面粉中和上，要像做擀饼一样，尽量将面团揉软。另外用蒸熟的面粉拌入猪油，和匀揉软，不要硬了。然后将生面做成核桃大小的团子，将熟面也做成略小一圈的团子，再将熟面团子包在生面团子中，擀成长八寸、宽两三寸的长饼，然后折成碗状，包上瓜瓤果肉。

天然饼

泾阳张荷塘明府家制作天然饼，用最好的飞面加一丁点儿糖和猪油做酥皮，用手随意压成饼状，大小跟碗差不多，厚约两分，形状不拘，方也好，圆也好。放在干净的小鹅卵石上面烘烤，形成天然的凸凹，烤到半黄即可，异常酥松美妙。若不用糖，用盐也可以。

花边月饼

明府家做的花边月饼，不在山东刘方伯之下。我常常派轿子把他家的女厨接到随园来，做给我吃。看她以飞面团拌生猪油丁，反复揉压不下百转之后，才将枣肉嵌入做馅，裁成碗大一个，用她那双巧手捏出一圈菱花边。再用两个火盆，其中一个倒扣，上下一起烘烤。馅心用的枣肉，不去皮，更鲜。拌在面团里的猪油，不能先熬，必须是生猪油。食之上口而化，甜而不腻，松而不散，其功夫全在压揉面团的手法上——百转千回，多多益善。

制馒头法

偶然在新任明府家里吃过一回馒头，我说：“这肯定是用北方面粉做的。为何？看他的馒头白而细腻，如雪之皑皑，银光泛泛，未曾见过南方面粉能有这般神采。”龙明府说：“非也非也，这就是用南方面粉做的。”好面粉不在乎南北，而在乎一把筛子——只要筛上五次，自然白白细细，又何必舍近求远？真正难的是发酵，我还专门请他家的厨师上门来赐教，学了很久也始终达不到其蓬软的程度。

扬州洪府粽子

洪府的粽子，用的是顶级糯米，精挑细拣后，更是长瘦洁白、粒粒无缺，绝对找不出半颗断米。米要淘得一尘不染，然后才用大箬叶包起来，埋入好火腿一大块，封锅焖上一天一夜，薪火绵亘不熄。食之滑腻温软，糯米入口而化，而肉亦化在米中。也有人说，火腿并不是整块埋入，而是取肥的部分斩碎，入糯米拌散。

饭粥单

粥饭乃饮食之本，百菜其末也。本立而道生。作《饭粥单》。

饭

王莽说过："盐是百菜之干将。"我补一句："饭是百味之根本。"《诗》云："释之溲溲，蒸之浮浮。"——看来古人做饭也是靠蒸。我却嫌蒸饭无浆，不如煮的软糯，且会煮的人，一样可以煮出蒸饭（颗粒分明、饱满）的感觉。所谓会煮，诀窍有四：第一米要好，选用"香稻"，或"冬霜"，或"晚米"，或"观音籼"，或"桃花籼"，舂米必干净彻底，藏米须防潮防霉，尤其是霉雨天气，一定要常晾常翻；第二要善淘米，要舍得揉擦，反复漂洗，直洗得淘米水堪比清水，才算过关；第三要拿捏好火候，先用武火煮沸，再用文火焖熟，焖煮的时间必须把握得刚刚好；第四要看米放水，不能多，也不能少，这样煮出来的饭才软硬适中。

经常有这样的富贵人家，吃起菜来穷尽讲究，饭倒是凑合就行，每次见到这种舍本逐末的行为，我都觉得好可笑。还有把汤浇在饭上，我也不喜欢，因为我讨厌一切使饭失去本味的吃法。汤若真是好汤，亦不如一口吃饭、一口喝汤，不要混为一啖，方能两全其美。不得已时，可以用茶、开水淘饭，至少不夺饭之正味。

而饭之正味，就是甘美，胜过一切美味的甘美。百味尝遍后，若逢甘美好饭，菜可免矣！

粥

只见水不见米，那不是粥；只见米不见水，也不是粥。必须做到水与米交融，你柔我腻、难解难分，才配称“粥”。尹文端公说：“宁让人等粥，莫使粥等人。”这话在理，因为粥一等人，味道就变了，浆也干了。近来有人做鸭粥、八宝粥，将腥荤、果品掺入同煮，夺粥味之纯正，这都是得不偿失的做法。如果非掺不可，姑且接受绿豆、黍米，前者夏吃，后者冬用，它们和米都属五谷，以五谷入五谷，无可厚非。我有一次在某位道员的家里用餐，菜都还行，只是饭和粥实在太粗糙了，强忍着咽下，回家就大病了一场。有人问我怎么突然病倒，我开玩笑说，因为五脏诸神共愤，降难于我，我怎受得住！

茶酒单

何以解忧？唯茶与酒：七碗下肚，两腋生风，一杯穿肠，六尘净忘。作《茶酒单》。

茶

要泡得好茶，先藏有好水。最好的水当属中泠、惠泉，将其从镇江、无锡通过邮驿运到家里来——这当然不现实。然而，天然泉水、雪融水，收而藏之，还是力所能及的。好水靠久藏，新汲的泉水带有一股辣味，放上一段时间，才会变得极甘冽。

武夷山顶上种有一种茶，冲泡之后汤色是白的。我尝遍天下之茶，这种茶可为第一好喝。然而此茶进贡尚且嫌少，何况民间？第二好喝的，当属龙井。明前龙井，又叫“莲心”，此茶略淡，须多放为妙；最好的还是雨前龙井，每一片都以一叶携一芽，所谓“一旗一枪”，绿如碧玉。

茶叶的贮放，须用小纸袋分包好，一袋四两，放入石灰坛中；石灰十天一换，坛口覆纸盖扎紧，一旦透了气，茶叶便会褪色、走味。用穿心罐装水，猛火煮沸，一沸，马上就泡。原因有二：一是水不能久沸，沸久味道就变了；再者，也不能用已经停沸的水去泡茶，那样茶叶都会浮上来。一泡，马上就喝。若盖着晾在一旁，则味道就又变了。所以关键在于两个“马上”——马上泡，马上喝，稍有延宕，便成闪失。

山西裴中丞曾跟人说："我昨天路过随园，这才吃到一杯好茶。"很讽刺啊！这话竟然是从一个山西人嘴里说出来的。而我经常见到那些士大夫，打小在杭州长大，一入官场便开始喝熬茶，其苦如药，其色如血——那也叫茶吗？就跟那些肠肥脑满的人吃槟榔一样俗气！

除了我家乡的龙井，还有其他我认为值得一喝的茶，我都将一并罗列于后。

武夷茶

我一向不爱喝武夷茶，嫌它像药汤似的又苦又浓。直到丙午年秋，我游武夷山，至曼亭峰、天游寺诸处，都有僧道争相献茶。杯小如核桃，壶小如香橼，斟一杯，尚不到一两。先嗅其香，再试其味，上口不忍就吞，慢慢咀嚼体会个中滋味。果然清香扑鼻，舌有余甘，一杯之后，又试了两杯，令人气静心平，怡情悦性。这才觉得啊，龙井虽然清新，其实味道还是略嫌单薄的，而阳羡虽然味道有了，但气韵又逊一些。就好比玉之所以为玉，水晶之所以为水晶，并非形态差异所致，关键在于品性格调的悬殊。所以，武夷茶能享天下盛名，真乃当之无愧。将此茶反复冲泡多次，味犹未尽。

龙井茶

杭州处处种山茶，且皆为绿茶，不过最好的还是龙井。每次回老家扫墓，管坟人家里都会送一杯茶过来，水清茶绿的，我敢说富贵人家都喝不到这样的好茶。

常州阳羡茶

阳羡茶，色深绿，芽如雀舌，又如斗大米粒。茶味较龙井略浓。

洞庭君山茶

洞庭君山产的茶，色味都与龙井相同，只不过比它更绿些，叶子更宽一点。此茶产量最少。方毓川抚军曾送了两瓶给我，果然绝佳。后来别人再送，就都不是真的君山茶了。

此外，像六安、银针、毛尖、梅片、安化诸茶，本单概不“录取”。

酒

我天性不近酒，所以每饮必自律甚严，这反而令我比一般酗酒之徒更懂酒。现如今全国各地都对绍兴酒趋之若鹜，然而以沧酒之清、浔酒之洌、川酒之鲜，难道不比绍兴酒更好喝吗？大体而言，就跟书生需要时间的沉淀、学识的累积方能修成鸿儒一样，酒亦以陈酿为贵，越陈越贵；而陈年老酒又是刚刚开坛时最好喝，亦即谚语所谓的“酒头茶脚”。酒要怎么温？温的时间不够，太凉了，太烫又老了，不凉不烫温热就好；且不能直接在火上加热，会变味，应该隔水炖之，封盖严实勿使酒气挥发。酒的品类繁多，选几种聊可一饮的来说一说。

金坛于酒

于文襄公家所造。有甜、涩两种口味，涩的更好。其酒极清，汁色若松花泛黄。味道有点像绍兴酒，但绍兴酒不如它清冽。

德州卢酒

卢雅雨运司家所造，色如于酒，而味道更醇厚。

四川郫筒酒

郫筒酒清冽见底，喝到嘴里味道是甜的，不知道的还以为是梨子汁或甘蔗汁。但这种酒需从四川大老远地运过来，想不变味都难。我总共喝过七回，只有杨笠湖刺史用木筏带过来的那次好喝。

绍兴酒

绍兴酒好比清官，丝毫都不能掺假，味道才正宗。又如年高德硕的名士，活久见多，质地便愈发醇厚。所以凡绍兴酒，至少贮藏五年，否则没法喝；又必须不掺水，否则放不了五年。我一直称绍兴酒为“名士”，称烧酒为“光棍”。

湖州南浔酒

湖州南浔酒，味道跟绍兴酒差不多，只不过更清、更辣。也是藏三年以上才好喝。

常州兰陵酒

唐诗有“兰陵美酒郁金香，玉碗盛来琥珀光”之句。我路过常州时，相国刘文定公请我喝过一次八年陈酿，才发现原来兰陵酒中果真是有“琥珀光”的。不过此酒味太浓厚，完全没有了李白诗中那种清明旷远的意境。宜兴的蜀山酒和它有点像。至于无锡酒，用天下第二泉酿造，本来也是佳酿，却因为酒贩们只顾眼前的利益，以至于以次充好，实在可惜。据说也有好的，反正我没喝到过。

溧阳乌饭酒

我向来不大喝酒。丙戌年，在溧水叶比部家，喝乌饭酒，喝了十六杯，旁边的人都吓坏了，纷纷来劝我停杯。而我当时还觉得挺扫兴呢，仍端着酒杯舍不得放下。这种酒，色黑，味甘鲜，其妙如何，我无法描述。据说，溧水一带的风俗是，家里生了女娃，都要用乌米饭酿一坛酒，等到女儿出嫁时再喝。所以，至少都是窖了十五六年的陈酿了，原来满满的一坛酒，开瓮时竟然只剩下半坛。乌饭酒喝起来有些粘唇，在屋外隔着墙都能闻到酒香。

苏州陈三白酒

乾隆三十年，我在苏州周慕庵家里饮酒。十四杯下肚，仍不知道是什么酒，只觉得该酒味道鲜美，上口粘唇，倒在杯中满而不溢。终于忍不住问主人，回答说“陈了十多年的三白酒”。见我爱喝，第二天又给我送了一坛来，结果全然不是那个味道了。唉！世上的尤物太难得了，只可遇不可求。郑玄在《周礼注疏》中对“盎齐”的注解为：“盎者翁翁然，如今酇白。”酇白，我怀疑就是指此酒。

金华酒

金华酒，有绍兴酒的清洌，但没有它的涩味；有女贞酒的甘甜，但又更比它脱俗。大概是金华一带的水都特别清的缘故吧。也是陈酿更好喝。

山西汾酒

既然要喝烧酒，当然越狠越好。汾酒就是烧酒中最狠的。我说过，烧酒就像人类中的光棍，又像县衙里的酷吏。打擂台，非光棍不可；杀强盗，非酷吏不可；驱寒、消肿，非烧酒不可。排在汾酒之下，可坐第二把交椅的，是山东高粱烧，此酒窖上十年，则酒色变绿，上口转甜。就好像这光棍一当十年，性情大变，火气全消，很值得与之交往一番了。童二树家曾泡了十斤烧酒，以枸杞四两、苍术二两、巴戟天一两入酒，坛口用布扎起来，泡一个月，开坛甚香。也是各有所宜吧，吃猪头肉、羊尾、跳神肉之类，非就烧酒不可。

此外，像苏州的女贞、福贞、元燥，宣州的豆酒，通州的枣儿红，都是些不入流的品种。最不堪的还是扬州的木瓜酒，喝一口都嫌俗。

原文及注释

阅读顺序示意图

2	1	4	3

序

诗人美周公而曰：『笾豆有践』[1]，恶凡伯而曰：『彼疏斯稗』[2]。古之于饮食也，若是重乎？他若《易》称『鼎烹』，《书》称『盐梅』[3]，《乡党》《内则》琐琐言之。孟子虽贱饮食之人，而又言饥渴未能得饮食之正[4]。可见凡事须求一是处，都非易言。《中庸》曰：『人莫不饮食也，鲜能知味也。』[5]《典论》[6]曰：『一世长者知居处，三世长者知服食。』古人进鬐离肺[7]皆有法焉，未尝苟且。『子与人歌而善，必使反之，而后和之。』圣人于一艺之微，其善取于人也如是。

余雅慕此旨，每食于某氏而饱，必使家厨往彼灶觚，执弟子之礼。四十年来，颇集众美。有学就者，有十分中得六七者，有仅得二三者，亦有竟失传者。余都问其方略，集而存之。虽不甚省记，亦载某家某味，以志景行。自觉好学之心，理宜如是。虽死法不足以限生厨，名手作书，亦多出入，未可专求之于故纸，然能率由旧章，终无大谬。临时治具，亦易指名。

或曰：『人心不同，各如其面。子能必天下之口，皆子之口乎？』曰：『执柯以伐柯，其则不远[8]。吾虽不能强天下之口与吾同嗜，而姑且推己及物；则食饮虽微，而吾于忠恕之道，则已尽矣。吾何憾哉？』若夫《说郛》[9]所载饮食之书三十余种，眉公、笠翁[10]，亦有陈言。曾亲试之，皆阏于鼻而蜇于口[11]，大半陋儒附会，吾无取焉。

❶笾（biān）豆有践：笾：竹编食具。豆：木制食具。践：行列有序状。语出《诗经·豳风·伐柯》。

❷彼疏斯粺：疏：粗也，即糙米。粺：通『粺』，精米。语出《诗经·大雅·召旻》。

❸鼎煮、盐梅：《周易》第五十卦：『鼎。元吉，亨。象曰：木上有火，鼎。君子以正位凝命。』《尚书·说命》：『若作和羹，尔惟盐梅。』

❹未能得饮食之正：《孟子·尽心上》：『饥者甘食，渴者甘饮，是未得饮食之正也，饥渴害之也。』

❺人莫不饮食也，鲜能知味也：《中庸》：『子曰：道之不行也，我知之矣：知（智）者过之，愚者不及也。道之不明也，我知之矣：贤者过之，不肖者不及也。人莫不饮食也，鲜能知味也。』

❻《典论》：为曹丕即位之前撰述的一部政治、文化专论，共二十二篇，大多遗失，如今仅存的三篇中并没有『一世长者』之句。倒是在曹丕的《与群臣论被服书》中，有类似的表述：『三世长者知被服，五世长者知饮食。此言被服饮食难晓也。』

❼进鬐（qí）离肺：鬐：古通『鳍』，指鱼脊鳍。离肺：指分割猪牛羊等祭品的肺叶。

❽执柯以伐柯，其则不远：语出《诗经·豳风·伐柯》：『伐柯如何？匪斧不克。取妻如何？匪媒不得。伐柯伐柯，其则不远。我觏之子，笾豆有践。』

❾《说郛》：元末明初学者陶宗仪所编纂的大型丛书（凡一百卷），汇集秦汉至宋元名家作品，内容包罗万象。

❿眉公、笠翁：眉公：陈继儒，字仲醇，号眉公，明代文学家，著有《小窗幽记》等。笠翁：李渔，字谪凡，号笠翁，明末清初著名文学家、戏剧家、美学家，著有《闲情偶寄》等。

⓫皆阏（è）于鼻而螫于口：阏：阻塞。螫：刺痛。《列子·杨朱》：『乡豪取而尝之，螫于口，惨于腹。』

须知单

学问之道，先知而后行，饮食亦然。作《须知单》。

先天须知

凡物各有先天，如人各有资禀。人性下愚[1]，虽孔、孟教之，无益也。物性不良，虽易牙[2]烹之，亦无味也。指其大略：猪宜皮薄，不可腥臊；鸡宜骟嫩，不可老稚；鲫鱼以扁身白肚为佳，乌背者，必崛强[3]于盘中；鳗鱼以湖溪游泳为贵，江生者，必槎丫[4]其骨节；谷喂之鸭，其膘肥而白色；壅土[5]之笋，其节少而甘鲜；同一火腿也，而好丑判若天渊；同一台鲞[6]也，而美恶分为冰炭。其他杂物，可以类推。大抵一席佳肴，司厨之功居其六，买办之功居其四。

❶人性下愚：语出《论语·阳货》：『子曰：唯上智与下愚不移。』强调人的天性——不管极好的、极坏的——是难以改变的。

❷易牙：春秋时期齐桓公的幸臣，传说曾烹其子以进桓公。亦可指代名厨。

❸崛强（jué jiàng）：亦作『崛彊』。生硬，僵硬。

❹槎丫（chá yā）：亦作『槎枒』『槎岈』。形容树木枝杈歧出，此处指鱼骨像树杈一样多且乱。

❺壅（yōng）土：肥沃的土壤。

❻台鲞（xiǎng）：鲞：剖开晾干的鱼。台鲞：产于浙江台州的鱼干，见《特牲单·台鲞煨肉》《水族有鳞单·台鲞》。另外，亦泛指成片的腌腊食品，见《小菜单·萝卜》。

作料须知

厨者之作料，如妇人之衣服首饰也。虽有天姿，虽善涂抹，而敝衣蓝褛，西子亦难以为容。善烹调者，酱用伏酱[1]，先尝甘否；油用香油，须审生熟；酒用酒酿，应去糟粕；醋用米醋，须求清洌。且酱有清浓之分，油有荤素之别，酒有酸甜之异，醋有陈新之殊，不可丝毫错误。其他葱、椒[2]、姜、桂、糖、盐，虽用之不多，而俱宜选择上品。苏州店卖秋油[3]，有上、中、下三等。镇江醋颜色虽佳，味不甚酸，失醋之本旨矣。以板浦醋[4]为第一，浦口醋次之。

[1]伏酱：三伏天制作的大酱。中国南方和北方农村都有盛夏『晒伏酱』的传统风俗。

[2]椒：本书中，椒一般指花椒。

[3]秋油：深秋霜降后，将新酱缸开封，汲取的头一抽酱油，称为秋油。一般认为，秋油是最好的酱油。

[4]板浦醋：江苏连云港海州区板浦镇，当地特产『汪恕有滴醋』，创牌于康熙年间，至今已有三百多年的历史，被誉为全国三大名醋之一。

洗刷须知

洗刷之法，燕窝去毛，海参去泥，鱼翅去沙，鹿筋去臊。肉有筋瓣，剔之则酥；鸭有肾臊，削之则净；鱼胆破，而全盘皆苦；鳗涎存，而满碗多腥；韭删叶而白存，菜弃边而心出。《内则》曰：『鱼去乙，鳖去丑。』[1]此之谓也。谚云：『若要鱼好吃，洗得白筋出。』亦此之谓也。

[1]鱼去乙，鳖去丑：乙：鱼的颊骨。丑：动物的肛门。

调剂须知

调剂之法，相物而施。有酒、水兼用者，有专用酒不用水者，有专用水不用酒者；有盐、酱并用者，有专用清酱不用盐者，有用盐不用酱者；有物太腻，要用油先炙者；有气太腥，要用醋先喷者；有取鲜必用冰糖者；有以干燥为贵者，使其味入于内，煎炒之物是也；有以汤多为贵者，使其味溢于外，清浮之物是也。

配搭须知

谚曰："相女配夫。"《记》曰："儗人必于其伦。"[1]烹调之法，何以异焉？凡一物烹成，必需辅佐。要使清者配清，浓者配浓，柔者配柔，刚者配刚，方有和合之妙。其中可荤可素者，蘑菇、鲜笋、冬瓜是也。可荤不可素者，葱、韭、茴香、新蒜是也。可素不可荤者，芹菜、百合、刀豆是也。常见人置蟹粉于燕窝之中，放百合于鸡、猪之肉，毋乃唐尧与苏峻[2]对坐，不太悖乎？亦有交互见功者，炒荤菜用素油，炒素菜用荤油是也。

[1]儗（nǐ）人必于其伦：语出《礼记·曲礼下》。意为要拿同一类的人或事物来作比拟。儗：比拟。伦：同类，同辈。

[2]唐尧与苏峻：唐尧：尧，传位于舜。苏峻：东晋乱将，后被镇压。唐尧和苏峻，一个禅让帝位，一个觊觎皇权，此二人显然不是同类，不可相提并论。

独用须知

味太浓重者，只宜独用，不可搭配。如李赞皇、张江陵[1]一流，须专用之，方尽其才。食物中，鳗也，鳖也，蟹也，鲥鱼也，牛羊也，皆宜独食，不可加搭配。何也？此数物者味甚厚，力量甚大，而流弊亦甚多，用五味调和，全力治之，方能取其长而去其弊。何暇舍其本题，别生枝节哉？金陵人好以海参配甲鱼，鱼翅配蟹粉，我见辄攒眉。觉甲鱼、蟹粉之味，海参、鱼翅分之而不足；海参、鱼翅之弊，甲鱼、蟹粉染之而有余。

[1]李赞皇：李绛，字深之，赵郡赞皇人氏，唐代谏臣，被杨叔元乱军所害。张江陵：张居正，字叔大，湖北江陵人，明朝中后期政治家、改革家，万历时期的内阁首辅，辅佐万历皇帝朱翊钧开创了『万历新政』，史称张居正改革。

火候须知

熟物之法，最重火候。有须武火者，煎炒是也，火弱则物疲矣。有须文火者，煨煮是也，火猛则物枯矣。有先用武火而后用文火者，收汤之物是也，性急则皮焦而里不熟矣。有愈煮愈嫩者，腰子、鸡蛋之类是也。有略煮即不嫩者，鲜鱼、蚶蛤之类是也。肉起迟则红色变黑，鱼起迟则活肉变死。屡开锅盖，则多沫而少香。火熄再烧，则走油而味失。道人以丹成九转为仙，儒家以无过、不及为中。司厨者，能知火候而谨伺之，则几于道矣。鱼临食时，色白如玉，凝而不散者，活肉也；色白如粉，不相胶粘者，死肉也。明明鲜鱼，而使之不鲜，可恨已极。

色臭须知

目与鼻，口之邻也，亦口之媒介也。嘉肴到目、到鼻，色臭便有不同。或净若秋云，或艳如琥珀，其芬芳之气，亦扑鼻而来，不必齿决之、舌尝之，而后知其妙也。然求色艳不可用糖炒，求香不可用香料。一涉粉饰，便伤至味。

迟速须知

凡人请客，相约于三日之前，自有工夫平章[1]百味。若斗然[2]客至，急需便餐；作客在外，行船落店，此何能取东海之水，救南池之焚乎？必须预备一种急就章之菜，如炒鸡片、炒肉丝、炒虾米豆腐及糟鱼、茶腿之类，反能因速而见巧者，不可不知。

[1]平章：评处，商酌。
[2]斗然：突然。

变换须知

一物有一物之味，不可混而同之。犹如圣人设教，因才乐育，不拘一律。所谓君子成人之美也。今见俗厨，动以鸡、鸭、猪、鹅，一汤同滚，遂令千手雷同，味同嚼蜡。吾恐鸡、猪、鹅、鸭有灵，必到枉死城[1]中告状矣。善治菜者，须多设锅、灶、盂、钵之类，使一物各献一性，一碗各成一味。嗜者舌本应接不暇，自觉心花顿开。

[1]枉死城：旧谓阴间枉死鬼所住的地方。

器具须知

古语云：美食不如美器。斯语是也。然宣、成、嘉、万❶，窑器太贵，颇愁损伤，不如竟用御窑，已觉雅丽。惟是宜碗者碗，宜盘者盘，宜大者大，宜小者小，参错其间，方觉生色。若板板❷于十碗八盘之说，便嫌笨俗。大抵物贵者器宜大，物贱者器宜小。煎炒宜盘，汤羹宜碗，煎炒宜铁锅，煨煮宜砂罐。

上菜须知

上菜之法：盐者宜先，淡者宜后；浓者宜先，薄者宜后；无汤者宜先，有汤者宜后。且天下原有五味，不可以咸之一味概之。度客食饱，则脾困矣，须用辛辣以振动之；虑客酒多，则胃疲矣，须用酸甘以提醒之。

❶宣、成、嘉、万：分别指明朝宣德、成化、嘉靖、万历年间的景德镇官窑。
❷板板：不灵活，少变化。

时节须知

夏日长而热，宰杀太早，则肉败矣。冬日短而寒，烹饪稍迟，则物生矣。冬宜食牛羊，移之于夏，非其时也。夏宜食干腊，移之于冬，非其时也。辅佐之物，夏宜用芥末，冬宜用胡椒。当三伏天而得冬腌菜，贱物也，而竟成至宝矣。当秋凉时而得行鞭笋，亦贱物也，而视若珍馐矣。有先时而见好者，三月食鲥鱼是也。有后时而见好者，四月食芋艿是也。其他亦可类推。有过时而不可吃者，萝卜过时则心空，山笋过时则味苦，刀鲚过时则骨硬。所谓四时之序，成功者退[1]，精华已竭，褰裳[2]去之也。

[1] 四时之序，成功者退：出自《史记·范雎蔡泽列传》。意为春夏秋冬四季的更替，莫不是在完成各自的任务之后，主动让位于下一个季节。

[2] 褰（qiān）裳：撩起衣裳。《诗·郑风·褰裳》：“子惠思我，褰裳涉溱”。

多寡须知

用贵物宜多，用贱物宜少。煎炒之物多，则火力不透，肉亦不松。故用肉不得过半斤，用鸡、鱼不得过六两。或问：食之不足，如何？曰：俟食毕后另炒可也。以多为贵者，白煮肉，非二十斤以外，则淡而无味。粥亦然，非斗米则汁浆不厚，且须扣水，水多物少，则味不厚矣。

洁净须知

切葱之刀，不可以切笋；捣椒之臼，不可以捣粉。闻菜有抹布气者，由其布之不洁也；闻菜有砧板气者，由其板之不净也。『工欲善其事，必先利其器。』良厨先多磨刀，多换布，多刮板，多洗手，然后治菜。至于口吸之烟灰，头上之汗汁，灶上之蝇蚁，锅上之烟煤，一玷入菜中，虽绝好烹庖，如西子蒙不洁，人皆掩鼻而过之矣[1]。

[1] 西子蒙不洁，人皆掩鼻而过之矣：语出《孟子·离娄下》：『西子蒙不洁，则人皆掩鼻而过之』。西子：西施。

用纤须知

俗名豆粉为纤者，即拉船用纤也，须顾名思义。因治肉者，要作团而不能合，要作羹而不能腻，故用粉以牵合之。煎炒之时，虑肉贴锅，必至焦老，故用粉以护持之。此纤义也。能解此义用纤，纤必恰当，否则乱用可笑，但觉一片糊涂[1]。《汉制考》[2]齐呼曲麸[3]为媒，媒即纤矣。

[1] 但觉一片糊涂：吃起来就像在吃糊糊。糊涂：指汤汁浓稠，似糊状。《羽族单》中有一道菜名就叫『鸭糊涂』，其特点就是多用纤，致使汤浓如糊。

[2]《汉制考》：南宋著名学者、教育家、政治家王应麟著作，根据汉唐学者的经注及字书材料，结合历史著作中的记载，考证了汉代的名物制度。

[3] 麸（fū）：麸子，也叫麸皮。小麦磨面筛剩下的碎皮。

选用须知

选用之法，小炒肉用后臀，做肉圆用前夹心，煨肉用硬短勒[1]。炒鱼片用青鱼、季鱼，做鱼松用鲜鱼[2]、鲤鱼。蒸鸡用雏鸡，煨鸡用骟鸡，取鸡汁用老鸡。鸡用雌才嫩，鸭用雄才肥；莼菜用头，芹韭用根，皆一定之理。余可类推。

[1] 硬短勒：即猪五花肉。

[2] 鲜鱼：即草鱼。

疑似须知

味要浓厚，不可油腻；味要清鲜，不可淡薄。此疑似之间，差之毫厘，失之千里。浓厚者，取精多而糟粕去之谓也。若徒贪肥腻，不如专食猪油矣。清鲜者，真味出而俗尘无之谓也。若徒贪淡薄，则不如饮水矣。

补救须知

名手调羹，咸淡合宜，老嫩如式，原无需补救。不得已为中人说法，则调味者，宁淡毋咸，淡可加盐以救之，咸则不能使之再淡矣。烹鱼者，宁嫩毋老，嫩可加火候以补之，老则不能强之再嫩矣。此中消息[1]，于一切下作料时，静观火色，便可参详[2]。

[1] 消息：事情的关键。

[2] 参详：参酌详审，可理解为明白、掌握。

本分须知

满洲菜多烧煮，汉人菜多羹汤，童而习之，故擅长也。汉请满人，满请汉人，各因所长之菜，转觉入口新鲜，不失邯郸故步。今人忘其本分，而要格外讨好。汉请满人用满菜，满请汉人用汉菜，反致依样葫芦，有名无实，画虎不成反类犬矣。秀才下场[1]，专作自己文字，务极其工，自有遇合[2]。若逢一宗师而摹仿之，逢一主考而摹仿之，则掇皮无真[3]，终身不中矣。

[1] 下场：谓科举时代考生进考场应试。《红楼梦》第九七回：『明年乡试，务必叫他下场。』

[2] 遇合：遇到赏识自己的人。

[3] 掇皮无真：典出《世说新语·赏誉》：『谢公称蓝田掇皮皆真。』掇皮：除去皮，喻彻里彻外。掇（duō），通『剟』。宋楼钥《真率会次适斋韵》：『闲暇止应开口笑，诙谐尤称掇皮真。』

戒单

为政者兴一利，不如除一弊，能除饮食之弊，则思过半矣。作《戒单》。

戒外加油

俗厨制菜，动熬猪油一锅，临上菜时，勺取而分浇之，以为肥腻。甚至燕窝至清之物，亦复受此玷污。而俗人不知，长吞大嚼，以为得油水入腹。故知前生是饿鬼投来。

戒同锅熟

同锅熟之弊，已载前『变换须知』一条中。

戒耳餐

何谓耳餐？耳餐者，务名之谓也，贪贵物之名，夸敬客之意，是以耳餐，非口餐也。不知豆腐得味，远胜燕窝。海菜不佳，不如蔬笋。余尝谓鸡、猪、鱼、鸭，豪杰之士也，各有本味，自成一家。海参、燕窝庸陋之人也，全无性情，寄人篱下。尝见某太守宴客，大碗如缸，白煮燕窝四两，丝毫无味，人争夸之。余笑曰：『我辈来吃燕窝，非来贩燕窝也。』可贩不可吃，虽多奚为？若徒夸体面，不如碗中竟放明珠百粒，则价值万金矣。其如吃不得何？

戒目食

何谓目食？目食者，贪多之谓也。今人慕『食前方丈』❶之名，多盘叠碗，是以目食，非口食也。不知名手写字，多则必有败笔；名人作诗，烦则必有累句。极名厨之心力，一日之中，所作好菜不过四五味耳，尚难拿准，况拉杂横陈乎？就使帮助多人，亦各有意见，全无纪律，愈多愈坏。余尝过一商家，上菜三撤席，点心十六道，共算食品将至四十余种。主人自觉欣欣得意，而我散席还家，仍煮粥充饥。可想见其席之丰而不洁❷矣。南朝孔琳之❸曰：『今人好用多品，适口之外，皆为悦目之资。』余以为肴馔横陈，熏蒸腥秽，目亦无可悦也。

❶食前方丈：形容饮食铺张浪费，每餐必将菜肴在面前摆上一丈。方丈：一丈见方。语出《孟子·尽心下》：『食前方丈，侍妾数百人，我得志弗为也。』

❷丰而不洁：参见《须知单·洁净须知》：『良厨先多磨刀，多换布，多刮板，多洗手，然后治菜』『如西子蒙不洁，人皆掩鼻而过之矣』。很显然，袁枚没有吃饱的根本原因，应该是他觉得席中诸菜不够洁净，因其菜品越多，厨师的精力越不济，便越顾不上磨刀、换布、刮板、洗手，故『丰而不洁』在所难免。

❸孔琳之：南朝宋文学家，字彦琳。会稽山阴（今浙江绍兴）人。

戒穿凿

物有本性，不可穿凿为之。自成小巧，即如燕窝佳矣，何必捶以为团？海参可矣，何必熬之为酱？西瓜被切，略迟不鲜，竟有制以为糕者。苹果太熟，上口不脆，竟有蒸之以为脯者。他如《遵生八笺》❶之秋藤饼，李笠翁之玉兰糕，都是矫揉造作，以杞柳为杯棬❷，全失大方。譬如庸德庸行，做到家便是圣人，何必索隐行怪乎？

❶《遵生八笺》：明朝高濂所撰的养生学著作，里面有关于饮食的部分。

❷以杞柳为杯棬（quān）：典出《孟子·告子上》，告子将人性比作杞柳树，将仁义比作杯棬（即曲木制作的盘），认为欲将人改造成仁义之人，必先抹杀人性，正如要把杞柳制作成杯棬，第一步得先把树砍断。孟子驳斥其言『祸仁义』。此处可理解为，不尊重事物美好的本性，妄加改造。

戒停顿

物味取鲜，全在起锅时极锋而试。略为停顿，便如霉过衣裳，虽锦绣绮罗，亦晦闷而旧气可憎矣。尝见性急主人，每摆菜必一齐搬出。于是厨人将一席之菜，都放蒸笼中，候主人催取，通行齐上。此中尚得有佳味哉？在善烹饪者，一盘一碗，费尽心思；在吃者，卤莽暴戾，囫囵吞下，真所谓得哀家梨，仍复蒸食者矣[1]。余到粤东，食杨兰坡明府[2]鳝羹而美，访其故，曰：『不过现杀现烹，现熟现吃，不停顿而已。』他物皆可类推。

[1] 得哀家梨，仍复蒸食者矣：典出《世说新语·轻诋》：『桓南郡每见人不快，辄嗔云：君得哀家梨，当复不蒸食不？』得了著名的哀家梨，还要拿去蒸了吃，形容不知好歹，辜负了好东西。哀家梨：传说秣陵（今南京市）哀仲家梨，个大如升，味甘美。

[2] 杨兰坡明府：杨兰坡：人名。明府：官职。袁枚记载『某家某味』时，常带出其官职，后述诸章节中，人名加官职乃成固定格式，不赘注。

戒暴殄

暴者不恤人功，殄者不惜物力。鸡、鱼、鹅、鸭，自首至尾，俱有味存，不必少取多弃也。尝见烹甲鱼者，专取其裙而不知味在肉中；蒸鲥鱼者，专取其肚而不知鲜在背上。至贱莫如腌蛋，其佳处虽在黄不在白，然全去其白而专取其黄，则食者亦觉索然矣。且予为此言，并非俗人惜福之谓，假使暴殄而有益于饮食，犹之可也。暴殄而反累于饮食，又何苦为之？至于烈炭以炙活鹅之掌，剸[1]刀以取生鸡之肝，皆君子所不为也。何也？物为人用，使之死可也，使之求死不得不可也。

[1] 剸（tuán）：割。

戒纵酒

事之是非，惟醒人能知之；味之美恶，亦惟醒人能知之。伊尹❶曰：『味之精微，口不能言也。』口且不能言，岂有呼呶❷酗酒之人，能知味者乎？往往见拇战之徒，啖佳菜如啖木屑，心不存焉。所谓惟酒是务，焉知其余，而治味之道扫地矣。万不得已，先于正席尝菜之味，后于撤席逞酒之能，庶乎其两可也。

❶伊尹：夏末商初著名政治家、思想家，也是中华厨祖。
❷呼呶（náo）：即号呼呶拏（ná）。喧闹之意。

戒火锅

冬日宴客，惯用火锅，对客喧腾，已属可厌。且各菜之味，有一定火候，宜文宜武，宜撤宜添，瞬息难差。今一例以火逼之，其味尚可问哉？近人用烧酒代炭，以为得计，而不知物经多滚，总能变味。或问：『菜冷奈何？』曰：『以起锅滚热之菜，不使客登时食尽，而尚能留之以至于冷，则其味之恶劣可知矣。』

戒强让

治具宴客，礼也。然一肴既上，理宜凭客举箸，精肥整碎，各有所好，听从客便，方是道理，何必强让之？常见主人以箸夹取，堆置客前，污盘没碗，令人生厌。须知客非无手无目之人，又非儿童、新妇，怕羞忍饿，何必以村妪小家子之见解待之？其慢客也至矣！近日倡家[1]，尤多此种恶习，以箸取菜，硬入人口，有类强奸，殊为可恶。长安有甚好请客而菜不佳者，一客问曰：『我与君算相好乎？』主人曰：『相好！』客跽[2]而请曰：『果然相好，我有所求，必允许而后起。』主人惊问：『何求？』曰：『此后君家宴客，求免见招。』合坐为之大笑。

[1] 倡家：指从事音乐歌舞的乐人。
[2] 跽：古人两膝着地而坐，耸身而立，屁股、大腿不碰脚跟叫作『跽』。

戒走油

凡鱼、肉、鸡、鸭，虽极肥之物，总要使其油在肉中，不落汤中，其味方存而不散。若肉中之油，半落汤中，则汤中之味，反在肉外矣。推原其病有三：一误于火大猛，滚急水干，重番加水；一误于火势忽停，既断复续；一病在于太要相度，屡起锅盖，则油必走。

戒落套

唐诗最佳，而五言八韵之试帖[1]，名家不选，何也？以其落套故也。诗尚如此，食亦宜然。今官场之菜，名号有『十六碟』『八簋』『四点心』之称，有『满汉席』之称，有『八小吃』之称，有『十大菜』之称，种种俗名，皆恶厨陋习，只可用之于新亲上门，上司入境，以此敷衍，配上椅披桌裙，插屏香案，三揖百拜方称。若家居欢宴，文酒[2]开筵，安可用此恶套哉？必须盘碗参差，整散杂进，方有名贵之气象。余家寿筵婚席，动至五六桌者，传唤外厨，亦不免落套。然训练之卒，范我驰驱[3]者，其味亦终竟不同。

[1] 五言八韵之试帖：唐代科举考试时采用的诗体，也叫『赋得体』，以题前常冠以『赋得』二字得名。

[2] 文酒：饮酒赋诗。

[3] 范我驰驱：语出《礼记·檀弓下》：『吾为之范我驰驱，终日不获一。』意为按照规矩法度去驾车奔驰。

戒混浊

混浊者，并非浓厚之谓。同一汤也，望去非黑非白，如缸中搅浑之水。同一卤也，食之不清不腻，如染缸倒出之浆。此种色味令人难耐。救之之法，总在洗净本身，善加作料，伺察水火，体验酸咸，不使食者舌上有隔皮隔膜之嫌。庾子山[1]论文云：『索索无真气，昏昏有俗心。』是即混浊之谓也。

[1]庾子山：庾信，字子山，曾作《拟怀古诗》二十七首，第一首写道：『步兵未饮酒，中散未弹琴。索索无真气，昏昏有俗心。』步兵、中散分别指『竹林七贤』中的阮籍、嵇康。

戒苟且

凡事不宜苟且，而于饮食尤甚。厨者，皆小人下材，一日不加赏罚，则一日必生怠玩。火齐未到而姑且下咽，则明日之菜必更加生。真味已失而含忍不言，则下次之羹必加草率。且又不止空赏空罚而已也。其佳者，必指示其所以能佳之由；其劣者，必寻求其所以致劣之故。咸淡必适其中，不可丝毫加减；久暂必得其当，不可任意登盘。厨者偷安，吃者随便，皆饮食之大弊。审问慎思明辨，为学之方也；随时指点，教学相长，作师之道也。于是味何独不然？

海鲜单

古八珍并无海鲜之说。今世俗尚之，不得不吾从众。作《海鲜单》。

燕窝

燕窝贵物，原不轻用。如用之，每碗必须二两，先用天泉滚水泡之，将银针挑去黑丝。用嫩鸡汤、好火腿汤、新蘑菇三样汤滚之，看燕窝变成玉色为度。此物至清，不可以油腻杂之；此物至文，不可以武物串之。今人用肉丝、鸡丝杂之，是吃鸡丝、肉丝，非吃燕窝也。且徒务其名，往往以三钱生燕窝盖碗面，如白发数茎，使客一撩不见，空剩粗物满碗。真乞儿卖富，反露贫相。不得已则蘑菇丝、笋尖丝、鲫鱼肚、野鸡嫩片尚可用也。余到粤东，杨明府冬瓜燕窝甚佳，以柔配柔，以清入清，重用鸡汁、蘑菇汁而已。燕窝皆作玉色，不纯白也。或打作团，或敲成面，俱属穿凿。

海参三法

海参，无味之物，沙多气腥，最难讨好。然天性浓重，断不可以清汤煨也。须检小刺参，先泡去沙泥，用肉汤滚泡[1]三次，然后以鸡、肉两汁红煨极烂。辅佐则用香蕈、木耳，以其色黑相似也。大抵明日请客，则先一日要煨，海参才烂。尝见钱观察家，夏日用芥末、鸡汁拌冷海参丝，甚佳。或切小碎丁，用笋丁、香蕈丁入鸡汤煨作羹。蒋侍郎家用豆腐皮、鸡腿、蘑菇煨海参，亦佳。

[1] 滚泡：用汤汁将干货（此处指虾米）边加热边泡发。

鱼翅二法

鱼翅难烂，须煮两日，才能摧刚为柔。用有二法：一用好火腿、好鸡汤，加鲜笋、冰糖钱许煨烂，此一法也；一纯用鸡汤串细萝卜丝，拆碎鳞翅搀和其中，漂浮碗面，令食者不能辨其为萝卜丝、为鱼翅，此又一法也。用火腿者，汤宜少；用萝卜丝者，汤宜多。总以融洽柔腻为佳。若海参触鼻，鱼翅跳盘[1]，便成笑话。吴道士家做鱼翅，不用下鳞，单用上半原根，亦有风味。萝卜丝须出水二次，其臭才去。尝在郭耕礼家吃鱼翅炒菜，妙绝！惜未传其方法。

[1]：海参触鼻，鱼翅跳盘：海参没有煨烂，结果吃的时候容易触及鼻尖，让人生痛；而鱼翅没有煨烂，也会又硬又直，在夹食的时候，会滑脱而跳出碗外面。

鳆鱼

鳆鱼[1]炒薄片甚佳，杨中丞家削片入鸡汤豆腐中，号称『鳆鱼豆腐』，上加陈糟油[2]浇之。庄太守用大块鳆鱼煨整鸭，亦别有风趣。但其性坚，终不能齿决。火煨三日，才拆得碎。

[1]鳆（fù）鱼：鲍鱼。
[2]陈糟油：以酒糟为主要原料的一种调味品。见《小菜单·糟油》。

淡菜

淡菜[1]煨肉加汤，颇鲜，取肉去心，酒炒亦可。

[1] 淡菜：即贻贝，也叫青口，煮熟后加工成干品，就是淡菜。

海蝘

海蝘[1]，宁波小鱼也，味同虾米，以之蒸蛋甚佳。作小菜亦可。

[1] 海蝘（yǎn）：即海蜒，是宁波著名海特产。

乌鱼蛋

乌鱼蛋[1]最鲜，最难服事[2]。须河水滚透，撤沙去腥，再加鸡汤、蘑菇煨烂。龚云若司马家制之最精。

[1]乌鱼蛋：从鲜墨鱼身上割下来的缠卵腺。圆形而稍扁，乳白色，大型乌鱼蛋似鸡蛋大小，小型似鸽蛋大小，主产于山东省。

[2]服事：处理。此处指烹制。

江瑶柱

江瑶柱[1]出宁波，治法与蚶、蛏同。其鲜脆在柱，故剖壳时，多弃少取。

[1]江瑶柱：即干贝，为栉孔扇贝的鲜闭壳肌晒干而来。

蛎黄[1]

蛎黄生石子上。壳与石子胶粘不分。剥肉作羹，与蚶、蛤相似。一名鬼眼。乐清、奉化两县土产，别地所无。

[1] 蛎黄：即牡蛎，俗名蚝。

江鲜单

郭璞《江赋》鱼族甚繁。今择其常有者治之。作《江鲜单》。

刀鱼二法

刀鱼用蜜酒酿、清酱，放盘中，如鲥鱼法，蒸之最佳，不必加水。如嫌刺多，则将极快刀刮取鱼片，用钳抽去其刺。用火腿汤、鸡汤、笋汤煨之，鲜妙绝伦。金陵人畏其多刺，竟油炙极枯，然后煎之。谚曰：『驼背夹直，其人不活。』此之谓也。或用快刀，将鱼背斜切之，使碎骨尽断，再下锅煎黄，加作料，临食时竟不知有骨：芜湖陶大太法也。

鲥鱼

鲥鱼用蜜酒蒸食，如治刀鱼之法便佳。或竟用油煎，加清酱、酒酿亦佳。万不可切成碎块，加鸡汤煮；或去其背，专取肚皮，则真味全失矣。

鲟鱼

尹文端公，自夸治鲟鳇[1]最佳。然煨之太熟，颇嫌重浊。惟在苏州唐氏，吃炒鳇鱼片甚佳。其法：切片油炮，加酒、秋油滚三十次，下水再滚起锅，加作料，重用瓜、姜、葱花。又一法：将鱼白水煮十滚，去大骨，肉切小方块，取明骨切小方块；鸡汤去沫，先煨明骨八分熟，下酒、秋油，再下鱼肉，煨二分烂起锅，加葱、椒、韭，重用姜汁一大杯。

[1]鲟鳇：鲟鱼的一种，产江河及近海深水中，又名鳇鱼。

黄鱼

黄鱼切小块，酱酒郁[1]一个时辰，沥干。入锅爆炒两面黄，加金华豆豉一茶杯，甜酒一碗，秋油一小杯，同滚。候卤干色红，加糖，加瓜、姜收起，有沉浸浓郁之妙。又一法：将黄鱼拆碎，入鸡汤作羹，微用甜酱水、纤粉收起之，亦佳。大抵黄鱼亦系浓厚之物，不可以清治之也。

[1]郁：密封浸泡。

班鱼

班鱼最嫩，剥皮去秽，分肝、肉二种，以鸡汤煨之，下酒三分、水二分、秋油一分；起锅时，加姜汁一大碗，葱数茎，杀去腥气。

假蟹

煮黄鱼二条，取肉去骨，加生盐蛋四个，调碎，不拌入鱼肉；起油锅炮，下鸡汤滚，将盐蛋搅匀，加香蕈、葱、姜汁、酒，吃时酌用醋。

特牲单

猪用最多，可称『广大教主』。宜古人有特豚馈食之礼。作《特牲单》。

猪头二法

洗净五斤重者，用甜酒三斤；七八斤者，用甜酒五斤。先将猪头下锅同酒煮，下葱三十根、八角三钱，煮二百余滚；下秋油一大杯、糖一两，候熟后尝咸淡，再将秋油加减；添开水要漫过猪头一寸，上压重物，大火烧一炷香；退出大火，用文火细煨，收干以腻为度；烂后即开锅盖，迟则走油。一法：打木桶一个，中用铜帘隔开，将猪头洗净，加作料闷入桶中，用文火隔汤蒸之，猪头熟烂，而其腻垢悉从桶外流出，亦妙。

猪蹄四法

蹄膀一只，不用爪，白水煮烂，去汤，好酒一斤，清酱油杯半，陈皮一钱，红枣四五个，煨烂。起锅时，用葱、椒、酒泼入，去陈皮、红枣，此一法也。又一法：先用虾米煎汤代水，加酒、秋油煨之。又一法：用蹄膀一只，先煮熟，用素油灼皱其皮，再加作料红煨。有土人好先掇食其皮，号称『揭单被』。又一法：用蹄膀一个，两钵合之，加酒、加秋油，隔水蒸之，以二枝香为度，号『神仙肉』。钱观察家制最精。

猪爪、猪筋

专取猪爪，剔去大骨，用鸡肉汤清煨之。筋味与爪相同，可以搭配；有好腿爪，亦可搀入。

猪肚二法

将肚洗净，取极厚处，去上下皮，单用中心，切骰子块，滚油炮炒，加作料起锅，以极脆为佳。此北人法也。南人白水加酒，煨两枝香，以极烂为度，蘸清盐食之，亦可；或加鸡汤作料，煨烂熏切，亦佳。

猪肺二法

洗肺最难，以冽尽肺管血水，剔去包衣为第一着。敲之仆之，挂之倒之，抽管割膜，工夫最细。用酒水滚一日一夜。肺缩小如一片白芙蓉，浮于汤面，再加作料。上口如泥。汤西厓少宰宴客，每碗四片，已用四肺矣。近人无此工夫，只得将肺拆碎，入鸡汤煨烂亦佳。得野鸡汤更妙，以清配清故也。用好火腿煨亦可。

猪腰

腰片炒枯则木，炒嫩则令人生疑；不如煨烂，蘸椒盐食之为佳。或加作料亦可。只宜手摘，不宜刀切。但须一日工夫，才得如泥耳。此物只宜独用，断不可搀入别菜中，最能夺味而惹腥。煨三刻则老，煨一日则嫩。

猪里肉

猪里肉，精而且嫩。人多不食。尝在扬州谢蕴山太守席上，食而甘之。云以里肉切片，用纤粉团成小把，入虾汤中，加香蕈、紫菜清煨，一熟便起。

白片肉

须自养之猪，宰后入锅，煮到八分熟，泡在汤中，一个时辰取起。将猪身上行动之处，薄片上桌，不冷不热，以温为度。此是北人擅长之菜。南人效之，终不能佳。且零星市脯❶，亦难用也。寒士请客，宁用燕窝，不用白片肉，以非多不可故也。割法须用小快刀片之，以肥瘦相参，横斜碎杂为佳，与圣人『割不正，不食』❷一语，截然相反。其猪身，肉之名目甚多。满洲『跳神肉』最妙。

❶市脯（fǔ）：买来的肉食品。《论语·乡党》：『沽酒市脯不食。』

❷割不正不食：肉切得不方正，不吃。语出《论语·乡党篇》：『食不厌精，脍不厌细。食饐而餲，鱼馁而肉败，不食；色恶，不食；臭恶，不食；失饪，不食；不时，不食；割不正，不食；不得其酱，不食。肉虽多，不使胜食气。唯酒无量，不及乱。沽酒市脯不食。不撤姜食，不多食。食不语。』记述了孔子对饮食的讲究。

红煨肉三法

或用甜酱，或用秋油，或竟不用秋油、甜酱。每肉一斤，用盐三钱，纯酒煨之；亦有用水者，但须熬干水气。三种治法皆红如琥珀，不可加糖炒色。早起锅则黄，当可则红，过迟则红色变紫，而精肉转硬。常起锅盖则油走，而味都在油中矣。大抵割肉虽方，以烂到不见锋棱[1]，上口而精肉俱化为妙。全以火候为主。谚云：『紧火粥，慢火肉。』至哉言乎！

[1] 锋棱：物体的锋芒、棱角。

白煨肉

每肉一斤，用白水煮八分好，起出去汤；用酒半斤、盐二钱半，煨一个时辰。用原汤一半加入，滚干汤腻为度，再加葱、椒、木耳、韭菜之类。火先武后文。又一法：每肉一斤，用糖一钱、酒半斤、水一斤、清酱半茶杯；先放酒，滚肉一二十次，加茴香一钱，加水闷烂，亦佳。

油灼肉

用硬短勒切方块，去筋襻[1]，酒酱郁过，入滚油中炮炙之，使肥者不腻，精者肉松。将起锅时，加葱、蒜，微加醋喷之。

[1]襻（pàn）：系衣裙的带子；用布做的扣住纽扣的套。亦指外形似襻之物。

干锅蒸肉

用小磁钵，将肉切方块，加甜酒、秋油，装大钵内封口，放锅内，下用文火干蒸之。以两枝香为度，不用水。秋油与酒之多寡，相肉而行，以盖满肉面为度。

盖碗装肉

放手炉[1]上。法与前同。

[1]手炉：中国古代普遍使用的一种取暖工具，即冬天可以捧在手上暖手用的小炉。

磁坛装肉

放砻糠[1]中慢煨。法与前同。总须封口。

脱沙肉

去皮切碎，每一斤用鸡子三个，青黄俱用，调和拌肉；再斩碎，入秋油半酒杯，葱末拌匀，用网油一张裹之；外再用菜油四两，煎两面，起出去油；用好酒一茶杯、清酱半酒杯，闷透，提起切片；肉之面上，加韭菜、香蕈、笋丁。

晒干肉

切薄片精肉，晒烈日中，以干为度。用陈大头菜，夹片干炒。

[1] 砻糠（lóng kāng）：稻谷经过砻磨脱下的壳。

火腿煨肉

火腿切方块，冷水滚三次，去汤沥干；将肉切方块，冷水滚二次，去汤沥干；放清水煨，加酒四两，葱、椒、笋、香蕈。

台鲞煨肉

法与火腿煨肉同。鲞易烂，须先煨肉至八分，再加鲞；凉之则号『鲞冻』。绍兴人菜也。鲞不佳者，不必用[1]。

粉蒸肉

用精肥参半之肉，炒米粉黄色，拌面酱蒸之，下用白菜作垫。熟时不但肉美，菜亦美。以不见水，故味独全。江西人菜也。

[1] 鲞不佳者，不必用：袁枚曾多次指出台鲞的质量良莠不齐，《先天须知》：『同一台鲞也，而美恶分为冰炭。』《水族有鳞单·台鲞》：『台鲞好丑不一。』所以此处强调的，仍是采购台鲞时一定要注意甄别。

熏煨肉

先用秋油、酒将肉煨好，带汁上木屑，略熏之，不可太久，使干湿参半，香嫩异常。吴小谷广文家，制之精极。

芙蓉肉

精肉一斤，切片，清酱拖过，风干一个时辰。用大虾肉四十个，猪油二两，切骰子大，将虾肉放在猪肉上。一只虾，一块肉，敲扁，将滚水煮熟撩起。熬菜油半斤，将肉片放在眼铜勺内，将滚油灌熟。再用秋油半酒杯、酒一杯、鸡汤一茶杯，熬滚，浇肉片上，加蒸粉、葱、椒糁[1]上起锅。

[1] 糁（sǎn）：散落，粘附上。

荔枝肉

用肉切大骨牌片，放白水煮二三十滚，撩起；熬菜油半斤，将肉放入炮透，撩起，用冷水一激，肉皱，撩起；放入锅内，用酒半斤、清酱一小杯、水半斤，煮烂。

八宝肉

用肉一斤，精、肥各半，白煮一二十滚，切柳叶片。小淡菜二两，鹰爪[1]二两，香蕈一两，花海蜇二两，胡桃肉四个去皮，笋片四两，好火腿二两，麻油一两。将肉入锅，秋油、酒煨至五分熟，再加余物，海蜇下在最后。

[1]鹰爪：嫩茶。因其状如鹰爪，故称。宋顾文荐《负暄杂录·建茶品第》：『凡茶芽数品，最上曰小芽，如雀舌、鹰爪，以其劲直纤锐，故号芽茶。』

菜花头煨肉

用台心菜嫩蕊，微腌，晒干用之。

炒肉丝

切细丝，去筋襻、皮、骨，用清酱、酒郁片时，用菜油熬起，白烟变青烟后，下肉炒匀，不停手，加蒸粉，醋一滴，糖一撮，葱白、韭蒜之类；只炒半斤，大火，不用水。又一法：用油泡后，用酱水加酒略煨，起锅红色，加韭菜尤香。

炒肉片

将肉精、肥各半，切成薄片，清酱拌之。入锅油炒，闻响即加酱、水、葱、瓜、冬笋、韭芽，起锅火要猛烈。

八宝肉圆

猪肉精、肥各半，斩成细酱，用松仁、香蕈、笋尖、荸荠、瓜、姜之类，斩成细酱，加纤粉和捏成团，放入盘中，加甜酒、秋油蒸之。入口松脆。家致华云：『肉圆宜切不宜斩。』必别有所见。

空心肉圆

将肉捶碎郁过，用冻猪油一小团作馅子，放在团内蒸之，则油流去，而团子空矣。此法镇江人最善。

锅烧肉

煮熟不去皮，放麻油灼过，切块加盐，或蘸清酱，亦可。

酱肉

先微腌，用面酱酱之，或单用秋油拌郁，风干。

糟肉

先微腌，再加米糟。

暴腌肉

微盐擦揉，三日内即用。以上三味，皆冬月菜[1]也。春夏不宜。

[1]冬月菜：冬天腌制的菜。冬月即农历十一月。有的译本将它理解为『冬天食用的菜』或欠妥，《时节须知》中写道：『夏宜食干腊，移之于冬，非其时也。』说明袁枚并不认为冬天腌制的干肉适合在冬天吃。

尹文端公家风肉

杀猪一口，斩成八块，每块炒盐四钱，细细揉擦，使之无微不到。然后高挂有风无日处。偶有虫蚀，以香油涂之。夏日取用，先放水中泡一宵，再煮，水亦不可太多太少，以盖肉面为度。削片时，用快刀横切，不可顺肉丝而斩也。此物惟尹府至精，常以进贡。今徐州风肉不及，亦不知何故。

家乡肉

杭州家乡肉，好丑不同。有上、中、下三等。大概淡而能鲜，精肉可横咬者为上品。放久即是好火腿。

笋煨火肉

冬笋切方块，火肉切方块，同煨。火腿撤去盐水两遍，再入冰糖煨烂。席武山别驾云：凡火肉煮好后，若留作次日吃者，须留原汤，待次日将火肉投入汤中滚热才好。若干放离汤，则风燥而肉枯；用白水，则又味淡。

烧小猪

小猪一个，六七斤重者，钳毛去秽，叉上炭火炙之。要四面齐到，以深黄色为度。皮上慢慢以奶酥油涂之，屡涂屡炙。食时酥为上，脆次之，硬斯下矣。旗人有单用酒、秋油蒸者，亦惟吾家龙文弟，颇得其法。

烧猪肉

凡烧猪肉，须耐性。先炙里面肉，使油膏走入皮内，则皮松脆而味不走。若先炙皮，则肉上之油尽落火上，皮既焦硬，味亦不佳。烧小猪亦然。

排骨

取勒条排骨精肥各半者，抽去当中直骨，以葱代之，炙用醋、酱，频频刷上，不可太枯。

罗蓑肉

以作鸡松法作之。存盖面之皮。将皮下精肉斩成碎团，加作料烹熟。聂厨能之。

端州三种肉

一罗蓑肉。一锅烧白肉，不加作料，以芝麻、盐拌之；切片煨好，以清酱拌之。三种俱宜于家常。端州聂、李二厨所作。特令杨二学之。

杨公圆

杨明府作肉圆，大如茶杯，细腻绝伦。汤尤鲜洁，入口如酥。大概去筋去节，斩之极细，肥瘦各半，用纤合匀。

黄芽菜煨火腿

用好火腿，削下外皮，去油存肉。先用鸡汤，将皮煨酥，再将肉煨酥，放黄芽菜心，连根切段，约二寸许长；加蜜、酒酿及水，连煨半日。上口甘鲜，肉菜俱化，而菜根及菜心丝毫不散。汤亦美极。朝天宫道士法也。

蜜火腿

取好火腿，连皮切大方块，用蜜酒煨极烂，最佳。但火腿好丑、高低，判若天渊。虽出金华、兰溪、义乌三处，而有名无实者多。其不佳者，反不如腌肉矣。惟杭州忠清里王三房家，四钱一斤者佳。余在尹文端公苏州公馆吃过一次，其香隔户便至，甘鲜异常。此后不能再遇此尤物矣。

杂牲单

牛、羊、鹿三牲，非南人家常时有之之物。然制法不可不知，作《杂牲单》。

牛肉

买牛肉法，先下各铺定钱，凑取腿筋夹肉处，不精不肥。然后带回家中，剔去皮膜，用三分酒、二分水清煨，极烂；再加秋油收汤。此太牢独味孤行者[1]也，不可加别物配搭。

[1] 太牢独味孤行者：在牛、羊、猪中，牛肉是属于不需要用配菜的肉类。太牢：古代帝王祭祀社稷时，牛、羊、豕（猪）三牲全备为『太牢』。

牛舌

牛舌最佳。去皮、撕膜、切片，入肉中同煨。亦有冬腌风干者，隔年食之，极似好火腿。

羊头

羊头毛要去净；如去不净，用火烧之。洗净切开，煮烂去骨。其口内老皮，俱要去净。将眼睛切成二块，去黑皮，眼珠不用，切成碎丁。取老肥母鸡汤煮之，加香蕈、笋丁，甜酒四两、秋油一杯。如吃辣，用小胡椒十二颗、葱花十二段；如吃酸，用好米醋一杯。

羊蹄

煨羊蹄，照煨猪蹄法，分红、白二色。大抵用清酱者红，用盐者白。山药配之宜。

羊羹

取熟羊肉斩小块，如骰子大。鸡汤煨，加笋丁、香蕈丁、山药丁同煨。

羊肚羹

将羊肚洗净，煮烂切丝，用本汤煨之。加胡椒、醋俱可。北人炒法，南人不能如其脆。钱玙沙方伯家，锅烧羊肉极佳，将求其法。

红煨羊肉

与红煨猪肉同。加刺眼核桃，放入去膻。亦古法也。

炒羊肉丝

与炒猪肉丝同。可以用纤，愈细愈佳。葱丝拌之。

烧羊肉

羊肉切大块，重五七斤者，铁叉火上烧之。味果甘脆，宜惹宋仁宗夜半之思也[1]。

全羊

全羊法有七十二种，可吃者不过十八九种而已。此屠龙之技，家厨难学。一盘一碗，虽全是羊肉，而味各不同才好。

[1] 宋仁宗夜半之思：据《宋史·仁宗本纪》载：『宫中夜饥，思膳烧羊，戒勿宣索，恐膳夫自此戕贼物命，以备不时之须。』宋仁宗怕御膳房每天杀羊以备他不时之需，为万千头羊的性命着想，半夜想吃烧羊了，也不说。梁晋竹笔记小说《帝王言动》里也有类似的逸事，说的是宋艺祖（即宋太祖赵匡胤）：『宋艺祖夜半思食羊肝，左右曰：「何不言？」帝曰：「若言之，则大官必日杀一羊矣。」』

鹿肉

鹿肉不可轻得。得而制之，其嫩鲜在獐肉之上。烧食可，煨食亦可。

鹿筋二法

鹿筋难烂。须三日前，先捶煮之，绞出臊水数遍，加肉汁汤煨之，再用鸡汁汤煨；加秋油、酒，微纤收汤；不搀他物，便成白色，用盘盛之。如兼用火腿、冬笋、香蕈同煨，便成红色，不收汤，以碗盛之。白色者，加花椒细末。

獐肉

制獐肉，与制牛、鹿同。可以作脯。不如鹿肉之活，而细腻过之。

果子狸

果子狸，鲜者难得。其腌干者，用蜜酒酿，蒸熟，快刀切片上桌。先用米泔水泡一日，去尽盐秽。较火腿觉嫩而肥。

假牛乳

用鸡蛋清拌蜜酒酿，打掇入化，上锅蒸之。以嫩腻为主。火候迟便老，蛋清太多亦老。

鹿尾

尹文端公品味，以鹿尾为第一。然南方人不能常得。从北京来者，又苦不鲜新。余尝得极大者，用菜叶包而蒸之，味果不同。其最佳处，在尾上一道浆[1]耳。

[1] 一道浆：指尾端脂肪浓厚处。

羽族单

鸡功最巨，诸菜赖之。如善人积阴德而人不知。故令领羽族之首，而以他禽附之。作《羽族单》。

白片鸡

肥鸡白片，自是太羹、玄酒之味[1]。尤宜于下乡村、入旅店，烹饪不及之时，最为省便。煮时水不可多。

[1] 太羹、玄酒：太羹：古代祭祀时所用的不加调料的肉汁。玄酒：指水。上古无酒，祭祀用水，以水代酒。此处指食物的原汁原味。

鸡松

肥鸡一只，用两腿，去筋骨剁碎，不可伤皮。用鸡蛋清、粉纤、松子肉，同剁成块。如腿不敷用，添脯子肉，切成方块，用香油灼黄，起放钵头内，加百花酒半斤、秋油一大杯、鸡油一铁勺，加冬笋、香蕈、姜、葱等。将所余鸡骨皮盖面，加水一大碗，下蒸笼蒸透，临吃去之。

生炮鸡

小雏鸡斩小方块，秋油、酒拌，临吃时拿起，放滚油内灼之，起锅又灼，连灼三回，盛起，用醋、酒、粉纤、葱花喷之。

鸡粥

肥母鸡一只，用刀将两脯肉去皮细刮，或用刨刀亦可；只可刮刨，不可斩，斩之便不腻矣。再用余鸡熬汤下之。吃时加细米粉、火腿屑、松子肉，共敲碎放汤内。起锅时放葱、姜，浇鸡油，或去渣，或存渣，俱可。宜于老人。大概斩碎者去渣，刮刨者不去渣。

焦鸡

肥母鸡洗净，整下锅煮。用猪油四两、茴香四个，煮成八分熟，再拿香油灼黄，还下原汤熬浓，用秋油、酒、整葱收起。临上片碎，并将原卤浇之，或拌蘸亦可。此杨中丞家法也。方辅兄家亦好。

捶鸡

将整鸡捶碎，秋油、酒煮之。南京高南昌太守家制之最精。

炒鸡片

用鸡脯肉去皮，斩成薄片。用豆粉、麻油、秋油拌之，纤粉调之，鸡蛋清拌。临下锅加酱、瓜、姜、葱花末。须用极旺之火炒。一盘不过四两，火气才透。

蒸小鸡

用小嫩鸡雏，整放盘中，上加秋油、甜酒、香蕈、笋尖，饭锅上蒸之。

酱鸡

生鸡一只，用清酱浸一昼夜，而风干之。此三冬菜也。

鸡丁

取鸡脯子，切骰子小块，入滚油炮炒之，用秋油、酒收起；加荸荠丁、笋丁、香蕈丁拌之，汤以黑色为佳。

鸡圆

斩鸡脯子肉为圆，如酒杯大，鲜嫩如虾团。扬州臧八太爷家制之最精。法用猪油、萝卜、纤粉揉成，不可放馅。

蘑菇煨鸡[1]

口蘑菇四两，开水泡去砂，用冷水漂，牙刷擦，再用清水漂四次，用菜油二两炮透，加酒喷。将鸡斩块放锅内，滚去沫，下甜酒、清酱，煨八分功程，下蘑菇，再煨二分功程，加笋、葱、椒起锅，不用水，加冰糖三钱。

[1]此单中有两篇『蘑菇煨鸡』，方法基本差不多，疑重复。

梨炒鸡

取雏鸡胸肉切片，先用猪油三两熬熟，炒三四次，加麻油一瓢，纤粉、盐花、姜汁、花椒末各一茶匙，再加雪梨薄片、香蕈小块，炒三四次起锅，盛五寸盘。

假野鸡卷

将脯子斩碎，用鸡子一个，调清酱郁之，将网油画碎，分包小包，油里炮透，再加清酱、酒作料，香蕈、木耳起锅，加糖一撮。

黄芽菜炒鸡

将鸡切块，起油锅生炒透，酒滚二三十次，加秋油后滚二三十次，下水滚。将菜切块，俟鸡有七分熟，将菜下锅；再滚三分，加糖、葱、大料。其菜要另滚熟搀用。每一只用油四两。

栗子炒鸡

鸡斩块，用菜油二两炮，加酒一饭碗，秋油一小杯，水一饭碗，煨七分熟。先将栗子煮熟，同笋下之，再煨三分起锅，下糖一撮。

灼八块

嫩鸡一只，斩八块，滚油炮透，去油，加清酱一杯、酒半斤，煨熟便起，不用水，用武火。

珍珠团

熟鸡脯子，切黄豆大块，清酱、酒拌匀，用干面滚满，入锅炒。炒用素油。

黄芪蒸鸡治瘵[1]

取童鸡未曾生蛋者杀之，不见水，取出肚脏，塞黄芪[2]一两，架箸放锅内蒸之，四面封口，熟时取出。卤浓而鲜，可疗弱症。

[1] 瘵（zhài）：病，多指痨病。

[2] 黄芪：又名绵芪。多年生草本，有一定的药用价值。

卤鸡

囫囵鸡一只，肚内塞葱三十条、茴香二钱，用酒一斤、秋油一小杯半，先滚一枝香，加水一斤、脂油二两，一齐同煨；待鸡熟，取出脂油。水要用熟水，收浓卤一饭碗才取起；或拆碎，或薄刀片之，仍以原卤拌食。

蒋鸡

童子鸡一只，用盐四钱、酱油一匙、老酒半茶杯、姜三大片，放砂锅内，隔水蒸烂，去骨，不用水。蒋御史家法也。

唐鸡

鸡一只，或二斤，或三斤，如用二斤者，用酒一饭碗、水三饭碗；用三斤者，酌添。先将鸡切块，用菜油二两，候滚熟，爆鸡要透。先用酒滚一二十滚，再下水约二三百滚；用秋油一酒杯；起锅时加白糖一钱。唐静涵家法也。

鸡肝

用酒、醋喷炒，以嫩为贵。

鸡血

取鸡血为条，加鸡汤、酱、醋、纤粉作羹，宜于老人。

鸡丝

拆鸡为丝，秋油、芥末、醋拌之。此杭菜也。加笋加芹俱可。用笋丝、秋油、酒炒之亦可。拌者用熟鸡，炒者用生鸡。

糟鸡

糟鸡法，与糟肉同。

鸡肾

取鸡肾三十个，煮微熟，去皮，用鸡汤加作料煨之。鲜嫩绝伦。

鸡蛋

鸡蛋去壳放碗中，将竹箸打一千回蒸之，绝嫩。凡蛋一煮而老，一千煮而反嫩。加茶叶煮者，以两炷香为度。蛋一百，用盐一两；五十，用盐五钱。加酱煨亦可。其他则或煎或炒俱可。斩碎黄雀蒸之，亦佳。

野鸡五法

野鸡披胸肉，清酱郁过，以网油包放铁奁上烧之。作方片可，作卷子亦可。此一法也。切片加作料炒，一法也。取胸肉作丁，一法也。当家鸡整煨，一法也。先用油灼拆丝，加酒、秋油、醋，同芹菜冷拌，一法也。生片其肉，入火锅中，登时便吃，亦一法也。其弊在肉嫩则味不入，味入则肉又老。

赤炖肉鸡

赤炖肉鸡，洗切净，每一斤用好酒十二两、盐二钱五分、冰糖四钱，研酌加桂皮，同入砂锅中，文炭火煨之。倘酒将干，鸡肉尚未烂，每斤酌加清开水一茶杯。

蘑菇煨鸡

鸡肉一斤，甜酒一斤，盐三钱，冰糖四钱，蘑菇用新鲜不霉者，文火煨两枝线香为度。不可用水，先煨鸡八分熟，再下蘑菇。

鸽子

鸽子加好火腿同煨，甚佳。不用火腿亦可。

鸽蛋

煨鸽蛋法，与煨鸡肾同。或煎食亦可，加微醋亦可。

野鸭

野鸭切厚片，秋油郁过，用两片雪梨夹住炮炒之。苏州包道台家制法最精，今失传矣。用蒸家鸭法蒸之，亦可。

蒸鸭

生肥鸭去骨，内用糯米一酒杯、火腿丁、大头菜丁、香蕈、笋丁、秋油、酒、小磨麻油、葱花，俱灌鸭肚内，外用鸡汤放盘中，隔水蒸透。此真定魏太守家法也。

鸭糊涂

用肥鸭，白煮八分熟，冷定去骨，拆成天然不方不圆之块，下原汤内煨，加盐三钱、酒半斤，捶碎山药，同下锅作纤，临煨烂时，再加姜末、香蕈、葱花。如要浓汤，加放粉纤。以芋代山药亦妙。

卤鸭

不用水，用酒，煮鸭去骨，加作料食之。高要令杨公家法也。

鸭脯

用肥鸭，斩大方块，用酒半斤、秋油一杯、笋、香蕈、葱花闷之，收卤起锅。

烧鸭

用雏鸭，上叉烧之。冯观察家厨最精。

挂卤鸭

塞葱鸭腹，盖闷而烧。水西门许店最精。家中不能作。有黄、黑二色，黄者更妙。

干蒸鸭

杭州商人何星举家干蒸鸭。将肥鸭一只，洗净斩八块，加甜酒、秋油，淹满鸭面，放磁罐中封好，置干锅中蒸之；用文炭火，不用水，临上时，其精肉皆烂如泥。以线香二枝为度。

野鸭团

细斩野鸭胸前肉，加猪油微纤，调揉成团，入鸡汤滚之。或用本鸭汤亦佳。太兴孔亲家制之甚精。

徐鸭

顶大鲜鸭一只，用百花酒十二两、青盐一两二钱、滚水一汤碗，冲化去渣沫，再兑冷水七饭碗，鲜姜四厚片，约重一两，同入大瓦盖钵内，将皮纸封固口，用大火笼烧透大炭吉[1]三元（约二文一个）；外用套包一个，将火笼罩定，不可令其走气。约早点时炖起，至晚方好。速则恐其不透，味便不佳矣。其炭吉烧透后，不宜更换瓦钵，亦不宜预先开看。鸭破开时，将清水洗后，用洁净无浆布拭干入钵。

[1] 炭吉：一种燃料。

煨麻雀

取麻雀五十只，以清酱、甜酒煨之，熟后去爪脚，单取雀胸、头肉，连汤放盘中，甘鲜异常。其他鸟鹊俱可类推。但鲜者一时难得。薛生白常劝人：『勿食人间豢养之物。』以野禽味鲜，且易消化。

煨鹩鹑、黄雀

鹩鹑❶用六合来者最佳。有现成制好者。黄雀用苏州糟加蜜酒煨烂，下作料，与煨麻雀同。苏州沈观察煨黄雀，并骨如泥，不知作何制法。炒鱼片亦精。其厨馔之精，合吴门推为第一。

❶鹩鹑（liáo chún）：亦称『鹪（jiāo）鹩』。是一类小型鸣禽，身长在十到十七厘米之间。

云林鹅

《倪云林集》[1]中，载制鹅法。整鹅一只，洗净后，用盐三钱擦其腹内，塞葱一帚填实其中，外将蜜拌酒通身满涂之，锅中一大碗酒、一大碗水蒸之，用竹箸架之，不使鹅身近水。灶内用山茅二束，缓缓烧尽为度。俟锅盖冷后，揭开锅盖，将鹅翻身，仍将锅盖封好蒸之，再用茅柴一束，烧尽为度；柴俟其自尽，不可挑拨。锅盖用绵纸糊封，逼燥裂缝，以水润之。起锅时，不但鹅烂如泥，汤亦鲜美。以此法制鸭，味美亦同。每茅柴一束，重一斤八两。擦盐时，串入葱、椒末子，以酒和匀。《云林集》中，载食品甚多；只此一法，试之颇效，余俱附会。

烧鹅

杭州烧鹅，为人所笑，以其生也。不如家厨自烧为妙。

[1]《倪云林集》：应该是《云林堂饮食制度集》，为元代画家、文学家倪瓒（字元镇，号云林子）所著的烹饪专著。下文中《云林集》亦是指该书。

水族有鳞单

鱼皆去鳞，惟鲥鱼不去。我道有鳞而鱼形始全。作《水族有鳞单》。

边鱼

边鱼活者，加酒、秋油蒸之。玉色为度。一作呆白色，则肉老而味变矣。并须盖好，不可受锅盖上之水气。临起加香蕈、笋尖。或用酒煎亦佳，用酒不用水，号『假鲥鱼』。

鲫鱼

鲫鱼先要善买。择其扁身而带白色者，其肉嫩而松；熟后一提，肉即卸骨而下。黑脊浑身者，崛强槎丫，鱼中之喇子[1]也，断不可食。照边鱼蒸法，最佳。其次煎吃亦妙。拆肉下可以作羹。通州人能煨之，骨尾俱酥，号『酥鱼』，利小儿食。然总不如蒸食之得真味也。六合龙池[2]出者，愈大愈嫩，亦奇。蒸时用酒不用水，稍稍用糖以起其鲜。以鱼之小大，酌量秋油、酒之多寡。

[1] 喇子（lǎ zǐ）：谓流氓无赖及刁滑凶悍者。《儒林外史》第二九回：『他是个喇子，他屡次来骗我。』

[2] 六合龙池：位于今南京六合区的龙池。传说中被公婆虐待的童养媳与一条乌龙结婚，繁衍的后代即是龙池的大鲫鱼。

白鱼

白鱼肉最细。用糟鲥鱼同蒸之，最佳。或冬日微腌，加酒酿糟二日，亦佳。余在江中得网起活者，用酒蒸食，美不可言。糟之最佳；不可太久，久则肉木矣。

季鱼

季鱼少骨，炒片最佳。炒者以片薄为贵。用秋油细郁后，用纤粉、蛋清搂之，入油锅炒，加作料炒之。油用素油。

土步鱼

杭州以土步鱼[1]为上品。而金陵人贱之，目为虎头蛇，可发一笑。肉最松嫩。煎之、煮之、蒸之俱可。加腌芥作汤、作羹，尤鲜。

[1] 土步鱼：又名沙鳢，属鱼纲塘鳢科，江苏人直称之为塘鳢鱼。杭州西湖盛产此鱼。

鱼松

用青鱼、鲤鱼蒸熟，将肉拆下，放油锅中灼之，黄色，加盐花、葱、椒、瓜、姜。冬日封瓶中，可以一月。

鱼圆

用白鱼、青鱼活者，剖半钉板上，用刀刮下肉，留刺在板上；将肉斩化，用豆粉、猪油拌，将手搅之；放微微盐水，不用清酱，加葱、姜汁作团，成后，放滚水中煮熟撩起，冷水养之，临吃入鸡汤、紫菜滚。

鱼片

取青鱼、季鱼片，秋油郁之，加纤纷、蛋清，起油锅炮炒，用小盘盛起，加葱、椒、瓜、姜，极多不过六两，太多则火气不透。

连鱼豆腐

用大连鱼煎熟，加豆腐，喷酱、水、葱、酒滚之，俟汤色半红起锅，其头味尤美。此杭州菜也。用酱多少，须相鱼而行。

醋搂鱼

用活青鱼切大块，油灼之，加酱、醋、酒喷之，汤多为妙。俟熟即速起锅。此物杭州西湖上五柳居[1]最有名。而今则酱臭而鱼败矣。甚矣！宋嫂鱼羹[2]，徒存虚名。《梦粱录》[3]不足信也。鱼不可大，大则味不入；不可小，小则刺多。

❶五柳居：陶渊明因宅边栽有五棵柳树而自称『五柳先生』。相传明朝末年，有隐士隐于南京乌龙潭附近，因慕陶渊明高义，也效其自栽五棵柳树，号『五柳居士』；是他用乌龙潭所产乌背青鱼为原料，独创了这道醋溜鱼，因而该菜又名『五柳居』。袁枚此处所述者，为清朝时开设于西湖畔孤山六一泉东侧的一家餐馆，以善制醋溜鱼著称。

❷宋嫂鱼羹：据说南宋时期，宋五嫂在西湖边上经营鱼羹小店，宋高宗曾一尝之。或云：西湖醋溜鱼便是从宋嫂鱼羹演变而来的。所以袁枚才会将对西湖醋溜鱼的失望，转而为对宋嫂鱼羹的不信服。比袁枚小几十岁的梁晋竹也表达过类似的观点，他在《两般秋雨盦随笔》里写道：『西湖醋溜鱼，相传是宋五嫂遗制，近则工料简濇，直不见其佳处。然名留刀匕，四远皆知。』

❸《梦粱录》：宋末元初文人吴自牧著作，共二十卷，著于宋亡之后。该书介绍了南宋都城临安城市风貌，记载了当时的钱塘盛况，其中就有提到『钱塘门外宋五嫂鱼羹』。

银鱼

银鱼[1]起水时，名冰鲜。加鸡汤、火腿汤煨之。或炒食甚嫩。干者泡软，用酱水炒亦妙。

[1] 银鱼：体长略圆，细嫩透明，色泽如银，见于东亚淡水和咸水中，有从海洋至江河洄游的习性，多生活于中下层水域，除缺氧外，极少发现在上层活动。在中国，主要产于长江口水域。俗称冰鱼、玻璃鱼等。

台鲞

台鲞好丑不一。出台州松门者为佳，肉软而鲜肥。生时拆之，便可当作小菜，不必煮食也；用鲜肉同煨，须肉烂时放鲞；否则，鲞消化不见矣。冻之即为鲞冻。绍兴人法也。

糟鲞

冬日用大鲤鱼腌而干之，入酒糟，置坛中，封口。夏日食之。不可烧酒作泡。用烧酒者，不无辣味。

虾子勒鲞

夏日选白净带子勒鲞，放水中一日，泡去盐味，太阳晒干，入锅油煎，一面黄取起，以一面未黄者铺上虾子，放盘中，加白糖蒸之，以一炷香为度。三伏日食之绝妙。

鱼脯

活青鱼去头尾，斩小方块，盐腌透，风干，入锅油煎；加作料收卤，再炒芝麻滚拌起锅。苏州法也。

家常煎鱼

家常煎鱼，须要耐性。将鲫鱼洗净，切块盐腌，压扁，入油中两面熯[1]黄，多加酒、秋油，文火慢慢滚之，然后收汤作卤，使作料之味全入鱼中。第此法指鱼之不活者而言。如活者，又以速起锅为妙。

[1] 熯（hàn）：烧，烘烤。此处意为煎烤。

黄姑鱼

岳州[1]出小鱼，长二三寸，晒干寄来。加酒剥皮，放饭锅上，蒸而食之，味最鲜，号『黄姑鱼』。

[1] 岳州：今湖南岳阳。

水族无鳞单

鱼无鳞者，其腥加倍，须加意烹饪，以姜、桂胜之。作《水族无鳞单》。

汤鳗

鳗鱼最忌出骨。因此物性本腥重，不可过于摆布，失其天真，犹鲥鱼之不可去鳞也。清煨者，以河鳗一条，洗去滑涎，斩寸为段，入磁罐中，用酒水煨烂，下秋油起锅，加冬腌新芥菜作汤，重用葱、姜之类，以杀其腥。常熟顾比部家，用纤粉、山药干煨，亦妙。或加作料，直置盘中蒸之，不用水。家致华分司蒸鳗最佳。秋油、酒四六兑，务使汤浮于本身。起笼时，尤要恰好，迟则皮皱味失。

红煨鳗

鳗鱼用酒、水煨烂，加甜酱代秋油，入锅收汤煨干，加茴香、大料起锅。有三病宜戒者：一皮有皱纹，皮便不酥；一肉散碗中，箸夹不起；一早下盐豉，入口不化。扬州朱分司家制之最精。大抵红煨者以干为贵，使卤味收入鳗肉中。

炸鳗

择鳗鱼大者，去首尾，寸断之。先用麻油炸熟，取起；另将鲜蒿菜嫩尖入锅中，仍用原油炒透，即以鳗鱼平铺菜上，加作料，煨一炷香。蒿菜分量，较鱼减半。

生炒甲鱼

将甲鱼去骨，用麻油炮炒之，加秋油一杯、鸡汁一杯。此真定魏太守家法也。

酱炒甲鱼

将甲鱼煮半熟，去骨，起油锅炮炒，加酱水、葱、椒，收汤成卤，然后起锅。此杭州法也。

带骨甲鱼

要一个半斤重者，斩四块，加脂油三两，起油锅煎两面黄，加水、秋油、酒煨；先武火，后文火，至八分熟加蒜，起锅用葱、姜、糖。甲鱼宜小不宜大。俗号『童子脚鱼』才嫩。

青盐甲鱼

斩四块，起油锅炮透。每甲鱼一斤，用酒四两、大茴香三钱、盐一钱半，煨至半好，下脂油二两，切小豆块再煨，加蒜头、笋尖，起时用葱、椒，或用秋油，则不用盐。此苏州唐静涵家法。甲鱼大则老，小则腥，须买其中样者。

汤煨甲鱼

将甲鱼白煮，去骨拆碎，用鸡汤、秋油、酒煨汤二碗，收至一碗，起锅，用葱、椒、姜末糁之。吴竹屿家制之最佳。微用纤，才得汤腻。

全壳甲鱼

山东杨参将家，制甲鱼去首尾，取肉及裙，加作料煨好，仍以原壳覆之。每宴客，一客之前以小盘献一甲鱼。见者悚然，犹虑其动。惜未传其法。

鳝丝羹

鳝鱼煮半熟，划丝去骨，加酒、秋油煨之，微用纤粉，用真金菜、冬瓜、长葱为羹。南京厨者辄制鳝为炭，殊不可解。

炒鳝

拆鳝丝炒之，略焦，如炒肉鸡之法，不可用水。

段鳝

切鳝以寸为段，照煨鳗法煨之，或先用油炙，使坚，再以冬瓜、鲜笋、香蕈作配，微用酱水，重用姜汁。

虾圆

虾圆照鱼圆法。鸡汤煨之，干炒亦可。大概捶虾时，不宜过细，恐失真味。鱼圆亦然。或竟剥虾肉，以紫菜拌之，亦佳。

虾饼

以虾捶烂，团而煎之，即为虾饼。

醉虾

带壳用酒炙黄捞起，加清酱、米醋煨之，用碗闷之。临食放盘中，其壳俱酥。

炒虾

炒虾照炒鱼法，可用韭配。或加冬腌芥菜，则不可用韭矣。有捶扁其尾单炒者，亦觉新异。

蟹

蟹宜独食，不宜搭配他物。最好以淡盐汤煮熟，自剥自食为妙。蒸者味虽全，而失之太淡。

蟹羹

剥蟹为羹，即用原汤煨之，不加鸡汁，独用为妙。见俗厨从中加鸭舌，或鱼翅，或海参者，徒夺其味而惹其腥恶，劣极矣！

炒蟹粉

以现剥现炒之蟹为佳。过两个时辰，则肉干而味失。

剥壳蒸蟹

将蟹剥壳，取肉、取黄，仍置壳中，放五六只在生鸡蛋上蒸之。上桌时完然一蟹，惟去爪脚。比炒蟹粉觉有新色[1]。杨兰坡明府以南瓜肉拌蟹，颇奇。

[1] 新色：新奇，新意。

蛤蜊[1]

剥蛤蜊肉，加韭菜炒之佳。或为汤亦可。起迟便枯。

[1] 蛤蜊（gé lí）：双壳类软体动物。俗称『花甲』。

蚶❶

蚶有三吃法。用热水喷之，半熟去盖，加酒、秋油醉之；或用鸡汤滚熟，去盖入汤；或全去其盖，作羹亦可。但宜速起，迟则肉枯。蚶出奉化县，品在车螯、蛤蜊之上。

❶蚶（hān）：双壳类软体动物。其壳比蛤蜊更厚，且具有凸棱。

车螯❶

先将五花肉切片，用作料闷烂。将车螯洗净，麻油炒，仍将肉片连卤烹之。秋油要重些，方得有味。加豆腐亦可。车螯从扬州来，虑坏则取壳中肉，置猪油中，可以远行。有晒为干者，亦佳。入鸡汤烹之，味在蛏干之上。捶烂车螯作饼，如虾饼样，煎吃加作料亦佳。

❶车螯（chē áo）：蛤的一种。璀璨如玉，有斑点。肉可食。肉壳皆入药。自古即为海味珍品。

程泽弓蛏[1]干

程泽弓商人家制蛏干，用冷水泡一日，滚水煮两日，撤汤五次。一寸之干，发开有二寸，如鲜蛏一般，才入鸡汤煨之。扬州人学之，俱不能及。

[1]蛏（chēng）：蛏子，软体动物，介壳长方形，淡褐色。

鲜蛏

烹蛏法与车螯同。单炒亦可。何春巢家蛏汤豆腐之妙，竟成绝品。

水鸡

水鸡[1]去身用腿，先用油灼之，加秋油、甜酒、瓜、姜起锅。或拆肉炒之，味与鸡相似。

[1]水鸡：即青蛙。

熏蛋

将鸡蛋加作料煨好，微微熏干，切片放盘中，可以佐膳。

茶叶蛋

鸡蛋百个，用盐一两、粗茶叶煮两枝线香为度。如蛋五十个，只用五钱盐，照数加减。可作点心。

杂素菜单

菜有荤素，犹衣有表里也。富贵之人，嗜素甚于嗜荤。作《素菜单》。

蒋侍郎豆腐

豆腐两面去皮，每块切成十六片，晾干；用猪油熬，清烟起才下豆腐，略洒盐花一撮，翻身后，用好甜酒一茶杯、大虾米一百二十个；如无大虾米，用小虾米三百个。先将虾米滚泡一个时辰，秋油一小杯，再滚一回，加糖一撮，再滚一回，用细葱半寸许长，一百二十段，缓缓起锅。

杨中丞豆腐

用嫩豆腐，煮去豆气，入鸡汤，同鳆鱼片滚数刻，加糟油、香蕈起锅。鸡汁须浓，鱼片要薄。

张恺豆腐

将虾米捣碎，入豆腐中，起油锅，加作料干炒。

庆元豆腐

将豆豉一茶杯，水泡烂，入豆腐同炒起锅。

芙蓉豆腐

用腐脑，放井水泡三次，去豆气，入鸡汤中滚，起锅时加紫菜、虾肉。

王太守八宝豆腐

用嫩片切粉碎，加香蕈屑、蘑菇屑、松子仁屑、瓜子仁屑、鸡屑、火腿屑，同入浓鸡汁中，炒滚起锅。用腐脑亦可。用瓢不用箸。孟亭太守云：『此圣祖师[1]赐徐健庵尚书方也。尚书取方时，御膳房费一千两。』太守之祖楼村先生为尚书门生，故得之。

[1] 圣祖师：清圣祖爱新觉罗·玄烨，即康熙帝。

程立万豆腐

乾隆廿三年，同金寿门[1]在扬州程立万家食煎豆腐，精绝无双。其腐两面黄干，无丝毫卤汁，微有车螯鲜味，然盘中并无车螯及他杂物也。次日告查宣门，查曰：『我能之！我当特请。』已而，同杭董莆同食于查家，则上箸大笑，乃纯是鸡、雀脑为之，并非真豆腐，肥腻难耐矣。其费十倍于程，而味远不及也。惜其时，余以妹丧[2]急归，不及向程求方。程逾年亡。至今悔之。仍存其名，以俟再访。

[1] 金寿门：金姓的寿门。寿门：官职。下文『查宣门』亦作此解。

[2] 妹丧：袁枚三妹袁机于乾隆二十三年（1759年）病逝，时年三十九。袁机聪慧，极具诗才，然而命途坎坷。1748年，因屡受丈夫虐打，袁机结婚四年后离异，被其父接回南京随园居住，抑郁染疾。袁枚痛感其逝，作《祭妹文》，中有『汝之疾也，予信医言无害，远吊扬州』之句，对于自己听信医生的话，在妹妹病重时仍远游扬州，从而未能见上她最后一面颇有悔意。

冻豆腐

将豆腐冻一夜，切方块，滚去豆味，加鸡汤汁、火腿汁、肉汁煨之。上桌时，撤去鸡、火腿之类，单留香蕈、冬笋。豆腐煨久则松，面起蜂窝，如冻腐矣。故炒腐宜嫩，煨者宜老。家致华分司，用蘑菇煮豆腐，虽夏月亦照冻腐之法，甚佳。切不可加荤汤，致失清味。

虾油豆腐

取陈虾油代清酱炒豆腐。须两面煤黄。油锅要热，用猪油、葱、椒。

蓬蒿菜

取蒿尖，用油灼瘪，放鸡汤中滚之，起时加松菌百枚。

蕨菜

用蕨菜，不可爱惜，须尽去其枝叶，单取直根，洗净煨烂，再用鸡肉汤煨。必买矮弱者才肥。

葛仙米[1]

将米细检淘净，煮半烂，用鸡汤、火腿汤煨。临上时，要只见米，不见鸡肉、火腿搀和才佳。此物陶方伯家制之最精。

羊肚菜[1]

羊肚菜出湖北。食法与葛仙米同。

[1] 葛仙米：附生于阴湿环境中的一种似球状念珠藻，藻体呈胶质球状，相传东晋医药学家、炼丹术家葛洪以此献给皇上，体弱太子食后病除体壮，皇上为感谢葛洪之功，赐名『葛仙米』。

[1] 羊肚菜：又称羊肚菌、羊肚菇，表面呈蜂窝状，酷似羊肚。

石发[1]

制法与葛仙米同。夏日用麻油、醋、秋油拌之，亦佳。

[1] 石发：即发菜，一种黑色的陆生藻类植物，酷似头发。

珍珠菜

制法与蕨菜同。上江新安[1]所出。

[1] 上江新安：指钱塘江上游的新安江流域，包括安徽徽州及浙江西部。上江：（钱塘）江的上游。

素烧鹅

煮烂山药，切寸为段，腐皮包，入油煎之，加秋油、酒、糖、瓜、姜，以色红为度。

韭

韭，荤物也。专取韭白，加虾米炒之便佳。或用鲜虾亦可，蚬亦可，肉亦可。

芹

芹，素物也，愈肥愈妙。取白根炒之，加笋，以熟为度。今人有以炒肉者，清浊不伦。不熟者，虽脆无味。或生拌野鸡，又当别论。

豆芽

豆芽柔脆，余颇爱之。炒须熟烂，作料之味才能融洽。可配燕窝，以柔配柔，以白配白故也。然以极贱而陪极贵，人多嗤之。不知惟巢、由[1]正可陪尧、舜耳。

[1] 巢、由：巢：巢父，尧以天下让之，不受，隐居聊城，以放牧了此一生。由：许由，尧知其贤德，欲禅让之，许由闻言，乃临河洗耳，曰：『无垢，闻恶语耳。』后隐居山林。

茭白

茭白炒肉、炒鸡俱可。切整段，酱、醋炙之，尤佳。煨肉亦佳。须切片，以寸为度。初出太细者无味。

青菜

青菜择嫩者，笋炒之。夏日芥末拌，加微醋，可以醒胃。加火腿片，可以作汤。亦须现拔者才软。

台菜

炒台菜心最懦[1]，剥去外皮，入蘑菇、新笋作汤。炒食加虾肉，亦佳。

白菜

白菜炒食，或笋煨亦可。火腿片煨、鸡汤煨俱可。

[1] 懦：柔软。此处指鲜嫩。

黄芽菜

此菜以北方来者为佳。或用醋搂，或加虾米煨之，一熟便吃，迟则色、味俱变。

瓢儿菜[1]

炒瓢菜心，以干鲜无汤为贵。雪压后更软。王孟亭太守家制之最精。不加别物，宜用荤油。

[1] 瓢儿菜：一种蔬菜，叶片近圆形，向外反卷，黑绿色。

菠菜

菠菜肥嫩，加酱水、豆腐煮之。杭人名『金镶白玉板』[1]是也。如此种菜虽瘦而肥，可不必再加笋尖、香蕈。

[1] 金镶白玉板：传说乾隆下江南时，在一农妇家吃到这道菠菜豆腐，觉其不俗；君问菜名未有名，农妇随口诌了一个『金镶白玉板，红嘴绿鹦哥』。前半句指豆腐两面煎黄中间嫩白，后半句指菠菜根红而叶绿。

蘑菇

蘑菇不止做汤，炒食亦佳。但口蘑[1]最易藏沙，更易受霉，须藏之得法，制之得宜。鸡腿蘑[2]便易收拾，亦复讨好。

[1]口蘑：即白蘑菇。主要生长于内蒙古，通过河北张家口输往全国各地，因张家口为其集散地，故名『口蘑』。

[2]鸡腿蘑：蘑菇的一种，学名毛头鬼伞，因其形如鸡腿、肉质似鸡丝而得名，其面光滑，易清洗。

松菌

松菌加口蘑炒最佳。或单用秋油泡食，亦妙。惟不便久留耳，置各菜中，俱能助鲜，可入燕窝作底垫，以其嫩也。

面筋二法

一法：面筋入油锅炙枯，再用鸡汤、蘑菇清煨。一法：不炙，用水泡，切条入浓鸡汁炒之，加冬笋、天花。章淮树观察家制之最精。上盘时宜毛撕，不宜光切。加虾米泡汁，甜酱炒之，甚佳。

茄二法

吴小谷广文家，将整茄子削皮，滚水泡去苦汁，猪油炙之，炙时须待泡水干后，用甜酱水干煨，甚佳。卢八太爷家，切茄作小块，不去皮，入油灼微黄，加秋油炮炒，亦佳。是二法者，俱学之而未尽其妙，惟蒸烂划开，用麻油、米醋拌，则夏间亦颇可食。或煨干作脯，置盘中。

苋羹

苋须细摘嫩尖，干炒，加虾米或虾仁，更佳。不可见汤。

芋羹

芋性柔腻，入荤入素俱可。或切碎作鸭羹，或煨肉，或同豆腐加酱水煨。徐兆璜明府家，选小芋子，入嫩鸡煨汤，妙极！惜其制法未传。大抵只用作料，不用水。

豆腐皮

将腐皮泡软，加秋油、醋、虾米拌之，宜于夏日。蒋侍郎家入海参用，颇妙。加紫菜、虾肉作汤，亦相宜。或用蘑菇、笋煨清汤，亦佳。以烂为度。芜湖敬修和尚，将腐皮卷筒切段，油中微炙，入蘑菇煨烂，极佳。不可加鸡汤。

扁豆

取现采扁豆，用肉、汤炒之，去肉存豆。单炒者油重为佳。以肥软为贵。毛糙而瘦薄者，瘠土所生，不可食。

瓠子[1]、王瓜[2]

将鲆鱼切片先炒，加瓠子，同酱汁煨。王瓜亦然。

[1] 瓠（hù）子：又称瓠瓜，为葫芦的变种，与葫芦不同的是，其瓜状匀称、呈圆柱形。

[2] 王瓜：葫芦科，果实卵圆形，果子、种子、根块可入药。

煨木耳、香蕈

扬州定慧庵僧，能将木耳煨二分厚，香蕈煨三分厚。先取蘑菇熬汁为卤。

冬瓜

冬瓜之用最多。拌燕窝、鱼肉、鳗、鳝、火腿皆可。扬州定慧庵所制尤佳。红如血珀，不用荤汤。

煨鲜菱

煨鲜菱，以鸡汤滚之。上时将汤撤去一半。池中现起者才鲜，浮水面者才嫩。加新栗、白果煨烂，尤佳。或用糖亦可。作点心亦可。

豇豆

豇豆炒肉，临上时去肉存豆。以极嫩者，抽去其筋。

煨三笋

将天目笋、冬笋、问政笋，煨入鸡汤，号『三笋羹』。

芋煨白菜

芋煨极烂，入白菜心，烹之，加酱水调和，家常菜之最佳者。惟白菜须新摘肥嫩者，色青则老，摘久则枯。

香珠豆

毛豆至八九月间晚收者，最阔大而嫩，号『香珠豆』。煮熟以秋油、酒泡之。出壳可，带壳亦可，香软可爱。寻常之豆，不可食也。

马兰❶

马兰头菜，摘取嫩者，醋合笋拌食。油腻后食之，可以醒脾。

❶马兰：野菜名，亦称马兰头、马蓝头、鸡儿肠。多年生草本，披针状椭圆形叶，边缘有粗锯齿。开蓝紫色花，形似菊花。

杨花菜

南京三月有杨花菜，柔脆与菠菜相似，名甚雅。

问政笋[1]丝

问政笋，即杭州笋也。徽州人送者，多是淡笋干，只好泡烂切丝，用鸡肉汤煨用。龚司马取秋油煮笋，烘干上桌，徽人食之，惊为异味。余笑其如梦之方醒也[2]。

[1] 问政笋：以位于安徽省歙县（清代属徽州辖地）的问政山命名的笋。相传即产于问政山，南宋时期由徽州商人带至杭州，当时徽人在杭经商者众，因思乡味，家人多托人行船带问政笋至，启程后将笋片投入砂锅中，以江水清炖，舟至杭州时，揭盖飘香，使杭州无人不知问政笋之妙。袁枚显然认为杭州所产者才是正宗的问政笋。

[2] 如梦之方醒也：指徽州人吃了龚司马家的笋才知道，原来最美味的问政笋不在家乡，而在杭州。

炒鸡腿蘑菇

芜湖大庵和尚，洗净鸡腿，蘑菇去沙，加秋油、酒炒熟，盛盘宴客，甚佳。

猪油煮萝卜

用熟猪油炒萝卜，加虾米煨之，以极熟为度。临起加葱花，色如琥珀。

小菜单

小菜佐食，如府史胥徒佐六官也。醒脾解浊，全在于斯。作《小菜单》。

笋脯

笋脯出处最多，以家园所烘为第一。取鲜笋加盐煮熟，上篮烘之。须昼夜环看，稍火不旺则溲[1]矣。用清酱者，色微黑。春笋、冬笋皆可为之。

[1]溲（sōu）：饭菜变质发出的一种酸臭味。

天目笋

天目笋多在苏州发卖。其篓中盖面者最佳，下二寸便搀入老根硬节矣。须出重价，专买其盖面者数十条，如集狐成腋之义。

玉兰片

以冬笋烘片，微加蜜焉。苏州孙春杨家有盐、甜二种，以盐者为佳。

素火腿

处州笋脯，号『素火腿』，即处片也。久之太硬，不如买毛笋自烘之为妙。

宣城笋脯

宣城笋尖，色黑而肥，与天目笋大同小异，极佳。

人参笋

制细笋如人参形，微加蜜水。扬州人重之，故价颇贵。

笋油

笋十斤，蒸一日一夜，穿通其节，铺板上，如作豆腐法，上加一板压而榨之，使汁水流出，加炒盐一两，便是笋油。其笋晒干仍可作脯。天台僧制以送人。

糟油

糟油出太仓州，愈陈愈佳。

虾油

买虾子数斤，同秋油入锅熬之，起锅用布沥出秋油，乃将布包虾子，同放罐中盛油。

喇虎酱

秦椒[1]捣烂，和甜酱蒸之，可用虾米搀入。

熏鱼子

熏鱼子色如琥珀，以油重为贵。出苏州孙春杨家，愈新愈妙，陈则味变而油枯。

[1] 秦椒：原产甘肃天水一带的花椒。

腌冬菜、黄芽菜

腌冬菜、黄芽菜，淡则味鲜，咸则味恶。然欲久放，则非盐不可。尝腌一大坛，三伏时开之，上半截虽臭、烂，而下半截香美异常，色白如玉。甚矣！相士之不可但观皮毛也。

莴苣

食莴苣有二法：新酱者，松脆可爱；或腌之为脯，切片食甚鲜。然必以淡为贵，咸则味恶矣。

香干菜

春芥心风干，取梗淡腌，晒干，加酒、加糖、加秋油，拌后再加蒸之，风干入瓶。

冬芥

冬芥名雪里红。一法整腌，以淡为佳；一法取心风干，斩碎，腌入瓶中，熟后杂鱼羹中，极鲜。或用醋煨，入锅中作辣菜[1]亦可，煮鳗、煮鲫鱼最佳。

[1] 辣菜：将芥菜或芥头烫煮，装坛，封口，数天后即可食用。芥菜自带辣味，如芥末的一种——黄芥末就是用芥菜种子研制而成，故制作辣菜无须放辣椒。

春芥

取芥心风干、斩碎，腌熟入瓶，号称『挪菜』。

芥头

芥根切片，入菜同腌，食之甚脆。或整腌，晒干作脯，食之尤妙。

芝麻菜

腌芥晒干，斩之碎极，蒸而食之，号『芝麻菜』。老人所宜。

腐干丝

将好腐干切丝极细，以虾子、秋油拌之。

风瘪菜

将冬菜取心风干，腌后榨出卤，小瓶装之，泥封其口，倒放灰上。夏食之，其色黄，其臭香。

糟菜

取腌过风瘪菜，以菜叶包之，每一小包，铺一面香糟，重叠放坛内。取食时，开包食之，糟不沾菜，而菜得糟味。

酸菜

冬菜心风干微腌，加糖、醋、芥末，带卤[1]入罐中，微加秋油亦可。席间醉饱之余，食之醒脾解酒。

[1]卤：即腌菜用的浓汁。这里指糖、醋、芥末。

台菜心

取春日台菜心腌之，榨出其卤，装小瓶之中，夏日食之。风干其花，即名菜花头，可以烹肉。

大头菜

大头菜出南京承恩寺，愈陈愈佳。入荤菜中，最能发鲜。

萝卜

萝卜取肥大者，酱一二日即吃，甜脆可爱。有侯尼能制为鲞，煎片如蝴蝶，长至丈许，连翩不断，亦一奇也。承恩寺有卖者，用醋为之，以陈为妙。

乳腐

乳腐，以苏州温将军庙前者为佳，黑色而味鲜。有干、湿二种，有虾子腐亦鲜，微嫌腥耳。广西白乳腐最佳。王库官家制亦妙。

酱炒三果

核桃、杏仁去皮，榛子不必去皮。先用油炮脆，再下酱，不可太焦。酱之多少，亦须相物而行。

酱石花

将石花[1]洗净入酱中，临吃时再洗。一名麒麟菜。

[1]石花：即石花菜，又名海冻菜，是红藻的一种。口感爽利脆嫩，既可拌凉菜，又能制成凉粉。

石花糕

将石花熬烂作膏，仍用刀划开，色如蜜蜡。

小松菌

将清酱同松菌入锅滚熟，收起，加麻油入罐中。可食二日，久则味变。

吐蛈[1]

吐蛈出兴化、泰兴。有生成极嫩者，用酒酿浸之，加糖则自吐其油，名为泥螺，以无泥为佳。

[1] 吐蛈：即泥螺。壳口大，壳面有细密的环纹和纵纹，被黄褐色壳皮。软体部不能完全缩入壳内。

海蜇

用嫩海蜇，甜酒浸之，颇有风味。其光者名为白皮，作丝，酒、醋同拌。

虾子鱼

虾子鱼出苏州。小鱼生而有子。生时烹食之，较美于鲞。

酱姜

生姜取嫩者微腌，先用粗酱套[1]之，再用细酱套之，凡三套而始成。古法用蝉退一个入酱，则姜久而不老。

[1] 套：均匀地涂裹一层。

酱瓜

将瓜腌后，风干入酱，如酱姜之法。不难其甜，而难其脆。杭州施鲁箴家制之最佳。据云：酱后晒干又酱，故皮薄而皱，上口脆。

新蚕豆

新蚕豆之嫩者，以腌芥菜炒之，甚妙。随采随食方佳。

腌蛋

腌蛋以高邮为佳，颜色红而油多。高文端公最喜食之。席间先夹取以敬客。放盘中，总宜切开带壳，黄白兼用；不可存黄去白，使味不全，油亦走散。

混套

将鸡蛋外壳微敲一小洞，将清、黄倒出，去黄用清，加浓鸡卤煨就者拌入，用箸打良久，使之融化，仍装入蛋壳中，上用纸封好，饭锅蒸熟，剥去外壳，仍浑然一鸡卵，此味极鲜。

茭瓜[1]脯

茭瓜入酱，取起风干，切片成脯，与笋脯相似。

[1] 茭瓜：即西葫芦，而非茭白。形状有圆筒形、椭圆形和长圆柱形等多种。

牛首腐干

豆腐干以牛首僧制者为佳。但山下卖此物者有七家，惟晓堂和尚家所制方妙。

酱王瓜

王瓜初生时，择细者腌之入酱，脆而鲜。

点心单

梁昭明以点心为小食，郑傪嫂劝叔『且点心』，由来久矣。作《点心单》。

鳗面

大鳗一条蒸烂，拆肉去骨，和入面中，入鸡汤清揉之，擀成面皮，小刀划成细条，入鸡汁、火腿汁、蘑菇汁滚。

温面

将细面下汤沥干，放碗中，用鸡肉、香蕈浓卤，临吃，各自取瓢加上。

鳝面

熬鳝成卤，加面再滚。此杭州法。

裙带面

以小刀截面成条，微宽，则号『裙带面』。大概作面，总以汤多为佳，在碗中望不见面为妙。宁使食毕再加，以便引人入胜。此法扬州盛行，恰甚有道理。

素面

先一日将蘑菇蓬熬汁，定清；次日将笋熬汁，加面滚上。此法扬州定慧庵僧人制之极精，不肯传人。然其大概亦可仿求。其纯黑色的，或云暗用虾汁、蘑菇原汁，只宜澄去泥沙，不重换水；一换水，则原味薄矣。

蓑衣饼

干面用冷水调，不可多。揉擀薄后，卷拢再擀薄了，用猪油、白糖铺匀，再卷拢擀成薄饼，用猪油熯黄。如要盐的，用葱椒盐亦可。

虾饼

生虾肉，葱、盐、花椒、甜酒脚[1]少许，加水和面，香油灼透。

[1] 甜酒脚：液体中的沉淀物，俗称『脚』。

薄饼

山东孔藩台家制薄饼，薄若蝉翼，大若茶盘，柔腻绝伦。家人如其法为之，卒不能及，不知何故。秦人[1]制小锡罐，装饼三十张。每客一罐。饼小如柑。罐有盖，可以贮。馅用炒肉丝，其细如发。葱亦如之。猪、羊并用，号曰『西饼』。

松饼

南京莲花桥教门方店最精。

面老鼠

以热水和面，俟鸡汁滚时，以箸夹入，不分大小，加活菜心，别有风味。

[1]秦人：陕甘地区的居民。

颠不棱（即肉饺也）

糊面摊开，裹肉为馅蒸之。其讨好处，全在作馅得法，不过肉嫩、去筋、作料而已。余到广东，吃官镇台颠不棱，甚佳。中用肉皮煨膏为馅，故觉软美。

肉馄饨

作馄饨，与饺同。

韭合

韭菜切末拌肉，加作料，面皮包之，入油灼之。面内加酥更妙。

糖饼（又名面衣）

糖水溲[1]面，起油锅令热，用箸夹入；其作成饼形者，号『软锅饼』。杭州法也。

[1] 溲：浸，泡。

烧饼

用松子、胡桃仁敲碎，加糖屑、脂油，和面炙之，以两面熯黄为度，而加芝麻。扣儿[1]会做，面罗至四五次，则白如雪矣。须用两面锅，上下放火，得奶酥更佳。

[1] 扣儿：人名。

千层馒头

杨参戎家制馒头，其白如雪，揭之如有千层。金陵人不能也。其法扬州得半，常州、无锡亦得其半。

面茶

熬粗茶汁，炒面兑入，加芝麻酱亦可，加牛乳亦可，微加一撮盐。无乳则加奶酥、奶皮亦可。

杏酪

捶杏仁作浆，挍去渣，拌米粉，加糖熬之。

粉衣

如作面衣之法。加糖、加盐俱可，取其便也。

竹叶粽

取竹叶裹白糯米煮之。尖小，如初生菱角。

萝卜汤圆

萝卜刨丝滚熟，去臭气，微干，加葱、酱拌之，放粉团中作馅，再用麻油灼之。汤滚亦可。春圃方伯家制萝卜饼，扣儿学会。可照此法作韭菜饼、野鸡饼试之。

水粉汤圆

用水粉和作汤圆，滑腻异常，中用松仁、核桃、猪油、糖作馅，或嫩肉去筋丝捶烂，加葱末、秋油作馅亦可。作水粉法，以糯米浸水中一日夜，带水磨之，用布盛接，布下加灰，以去其渣，取细粉晒干用。

脂油糕

用纯糯粉拌脂油，放盘中蒸熟，加冰糖捶碎入粉中，蒸好用刀切开。

雪花糕

蒸糯饭捣烂，用芝麻屑加糖为馅，打成一饼，再切方块。

软香糕

软香糕，以苏州都林桥为第一。其次虎丘糕，西施家为第二。南京南门外报恩寺则第三矣。

百果糕

杭州北关外卖者最佳。以粉糯，多松仁、胡桃，而不放橙丁者为妙。其甜处非蜜非糖，可暂可久。家中不能得其法。

栗糕

煮栗极烂，以纯糯粉加糖为糕蒸之，上加瓜仁、松子。此重阳小食也。

青糕、青团

捣青草为汁，和粉作粉团，色如碧玉。

合欢饼

蒸糕为饭，以木印印之，如小珙璧[1]状，入铁架熯之，微用油，方不粘架。

鸡豆[1]糕

研碎鸡豆，用微粉为糕，放盘中蒸之。临食用小刀片开。

鸡豆粥

磨碎鸡豆为粥，鲜者最佳，陈者亦可。加山药、茯苓尤妙。

[1] 珙璧（gǒng bì）：圆形玉璧。

[1] 鸡豆：即鹰嘴豆，有板栗香味。

金团

杭州金团，凿木为桃、杏、元宝之状，和粉搦[1]成，入木印中便成。其馅不拘荤素。

藕粉、百合粉

藕粉非自磨者，信之不真。百合粉亦然。

麻团

蒸糯米捣烂为团，用芝麻屑拌糖作馅。

芋粉团

磨芋粉晒干，和米粉用之。朝天宫道士制芋粉团，野鸡馅，极佳。

[1] 搦（nuò）：按压，揉。

熟藕

藕须贯米加糖自煮，并汤极佳。外卖者多用灰水，味变，不可食也。余性爱食嫩藕，虽软熟而以齿决，故味在也。如老藕一煮成泥，便无味矣。

新栗、新菱

新出之栗，烂煮之，有松子仁香。厨人不肯煨烂，故金陵人有终身不知其味者。新菱亦然。金陵人待其老方食故也。

莲子

建莲[1]虽贵，不如湖莲[2]之易煮也。大概小熟，抽心去皮，后下汤，用文火煨之，闷住合盖，不可开视，不可停火。如此两炷香，则莲子熟时，不生骨矣。

[1] 建莲：福建建宁县产的莲子，历史上曾被誉为『莲中极品』，自古属朝廷贡莲。
[2] 湖莲：一种普通莲子。

芋

十月天晴时，取芋子、芋头，晒之极干，放草中，勿使冻伤。春间煮食，有自然之甘。俗人不知。

萧美人点心

仪真南门外，萧美人善制点心，凡馒头、糕、饺之类，小巧可爱，洁白如雪。

刘方伯月饼

用山东飞面[1]，作酥为皮，中用松仁、核桃仁、瓜子仁为细末，微加冰糖和猪油作馅。食之不觉甚甜，而香松柔腻，迥异寻常。

[1] 飞面：即精制面粉。

陶方伯十景点心

每至年节，陶方伯夫人手制点心十种，皆山东飞面所为。奇形诡状，五色纷披。食之皆甘，令人应接不暇。萨制军云：『吃孔方伯薄饼，而天下之薄饼可废；吃陶方伯十景点心，而天下之点心可废。』自陶方伯亡，而此点心亦成《广陵散》[1]矣。呜呼！

[1]《广陵散》：我国历史上著名十大古琴曲之一。三国时期魏国名士、『竹林七贤』之一嵇康善抚此曲，并不授人。后遭人构陷处死，临刑前索琴弹之，喟曰：『《广陵散》于今绝矣！』

杨中丞西洋饼

用鸡蛋清和飞面作稠水，放碗中。打铜夹剪一把，头上作饼形，如蝶大，上下两面，铜合缝处不到一分。生烈火烘铜夹，撩稠水，一糊一夹一熯，顷刻成饼。白如雪，明如绵纸，微加冰糖、松仁屑子。

白云片

南殊锅巴，薄如绵纸，以油炙之，微加白糖，上口极脆。金陵人制之最精，号『白云片』。

风枵[1]

以白粉浸透，制小片入猪油灼之，起锅时加糖糁之，色白如霜，上口而化。杭人号曰『风枵』。

[1]风枵（xiāo）：形容其薄而轻，风吹可动。枵：空虚，又指布匹稀而薄。风枵是杭州的一道传统名小吃，如今一些老杭州菜馆里仍有制作。而在江浙某些地区的乡俗里，风枵又作为待客宴宾的『三道茶』（熏豆茶、风枵茶、清茶）之一而深入人心，然而其做法与吃法都似乎跟袁枚描述的风枵迥异，倒有点像是前一节所载『白云片』的做法：用糯饭制成极薄的干锅巴片，然后泡水喝，所以又叫『饭糍干』。

三层玉带糕

以纯糯粉作糕，分作三层：一层粉，一层猪油、白糖，夹好蒸之，蒸熟切开。苏州人法也。

运司糕

卢雅雨作运司，年已老矣。扬州店中作糕献之，大加称赏。从此遂有『运司糕』之名。色白如雪，点胭脂，红如桃花。微糖作馅，淡而弥旨。以运司衙门前店作为佳。他店粉粗色劣。

沙糕

糯粉蒸糕，中夹芝麻、糖屑。

小馒头、小馄饨

作馒头如胡桃大，就蒸笼食之。每箸可夹一双。扬州物也。扬州发酵最佳。手捺之不盈半寸，放松仍隆然而高。小馄饨小如龙眼，用鸡汤下之。

雪蒸糕法

每磨细粉，用糯米二分，粳米八分为则。一拌粉，将粉置盘中，用凉水细细洒之，以捏则如团、撒则如砂为度。将粗麻筛筛出，其剩下块搓碎，仍于筛上尽出之，前后和匀，使干湿不偏枯，以巾覆之，勿令风干日燥，听用。（水中酌加上洋糖则更有味，拌粉与市中枕儿糕法同。）一锡圈及锡钱[1]，俱宜洗剔极净，临时略将香油和水，布蘸拭之。每一蒸后，必一洗一拭。一锡圈内，将锡钱置妥，先松装粉一小半，将果馅轻置当中，后将粉松装满圈，轻轻挡[2]平，套汤瓶[3]上盖之，视盖口气直冲为度。取出覆之，先去圈，后去钱，饰以胭脂，两圈更递为用。一汤瓶宜洗净，置汤分寸以及肩为度。然多滚则汤易涸，宜留心看视，备热水频添。

[1] 锡圈、锡钱：即锡制的模具，锡圈用作定形容器，锡钱的作用是在糕面上印花。

[2] 挡（dǎng）：捶打。

[3] 汤瓶：又叫『大食瓶』或『执壶』，高瘦而腹突，嘴弯长，单执把。回民中用得比较多。

作酥饼法

冷定脂油一碗，开水一碗，先将油同水搅匀，入生面，尽揉要软，如擀饼一样，外用蒸熟面入脂油，合作一处，不要硬了。然后将生面做团子，如核桃大，将熟面亦作团子，略小一晕，再将熟面团子包在生面团子中，擀成长饼，长可八寸，宽二三寸许，然后折叠如碗样，包上穰[1]子。

[1]穰（ráng）：同『瓤』。指瓜果的肉。

天然饼

泾阳张荷塘明府家制天然饼，用上白飞面，加微糖及脂油为酥，随意搦成饼样，如碗大，不拘方圆，厚二分许。用洁净小鹅子石，衬而熯之，随其自为凹凸，色半黄便起，松美异常。或用盐亦可。

花边月饼

明府家制花边月饼，不在山东刘方伯之下。余常以轿迎其女厨来园制造，看用飞面拌生猪油千团百搦，才用枣肉嵌入为馅，裁如碗大，以手搦其四边菱花样。用火盆两个，上下覆而炙之。枣不去皮，取其鲜也；油不先熬，取其生也。含之上口而化，甘而不腻，松而不滞，其工夫全在搦中，愈多愈妙。

制馒头法

偶食新明府馒头，白细如雪，面有银光，以为是北面之故。龙云不然。面不分南北，只要罗得极细。罗筛至五次，则自然白细，不必北面也。惟做酵最难。请其庖人来教，学之卒不能松散。

扬州洪府粽子

洪府制粽，取顶高[1]糯米，捡其完善长白者，去其半颗散碎者，淘之极熟，用大箬[2]叶裹之，中放好火腿一大块，封锅闷煨一日一夜，柴薪不断。食之滑腻温柔，肉与米化。或云：即用火腿肥者斩碎，散置米中。

❶顶高：最好的。
❷箬（ruò）：一种竹子，叶大而宽，可编竹笠，又可用来包粽子。

饭粥单

粥饭本也，余菜末也。本立而道生。作《饭粥单》。

饭

王莽云：『盐者，百肴之将。』余则曰：『饭者，百味之本。』《诗》称：『释之溲溲，蒸之浮浮。』[1]是古人亦吃蒸饭。然终嫌米汁不在饭中。善煮饭者，虽煮如蒸，依旧颗粒分明，入口软糯。其诀有四：一要米好，或『香稻』，或『冬霜』，或『晚米』，或『观音籼』，或『桃花籼』，春之极熟，霉天风摊播之，不使惹霉发疹。一要善淘，淘米时不惜工夫，用手揉擦，使水从箩中淋出，竟成清水，无复米色。一要用火先武后文，闷起得宜。一要相米放水，不多不少，燥湿得宜。往往见富贵人家，讲菜不讲饭，逐末忘本，真为可笑。余不喜汤浇饭，恶失饭之本味故也。汤果佳，宁一口吃汤，一口吃饭，分前后食之，方两全其美。不得已，则用茶、用开水淘[2]之，犹不夺饭之正味。饭之甘，在百味之上；知味者，遇好饭不必用菜。

[1]释之溲溲，蒸之浮浮：见《诗经·大雅·生民》，原文为『释之叟叟，烝之浮浮。』释：淘米。叟叟：古通『溲溲』，淘米的声音。烝：古同『蒸』。浮浮：热气上升貌。

[2]淘：以液汁拌和食品。《警世通言·宋小官团圆破毡笠》：『宋金戴了破毡笠，吃了茶淘冷饭。』

粥

见水不见米，非粥也；见米不见水，非粥也。必使水米融洽，柔腻如一，而后谓之粥。尹文端公曰：『宁人等粥，毋粥等人。』此真名言，防停顿而味变汤干故也。近有为鸭粥者，入以荤腥；为八宝粥者，入以果品，俱失粥之正味。不得已，则夏用绿豆，冬用黍米，以五谷入五谷，尚属不妨。余尝食于某观察家，诸菜尚可，而饭粥粗粝[1]，勉强咽下，归而大病。尝戏语人曰：此是五脏神[2]暴落难，是故自禁受不得。

[1] 粗粝（cū lì）：原指糙米，引申为粮食粗糙。

[2] 五脏神：道家认为人的五脏均有神居住。

茶酒单

七碗生风，一杯忘世，非饮用六清不可。作《茶酒单》。

茶

欲治好茶，先藏好水。水求中泠、惠泉[1]。人家中何能置驿而办？然天泉水、雪水，力能藏之。水新则味辣，陈则味甘。尝尽天下之茶，以武夷山顶所生、冲开白色者为第一。然入贡尚不能多，况民间乎？其次，莫如龙井。清明前者，号『莲心』，太觉味淡，以多用为妙；雨前[2]最好，一旗一枪[3]，绿如碧玉。收法须用小纸包，每包四两，放石灰坛中，过十日则换石灰，上用纸盖扎住，否则气出而色味全变矣。烹时用武火，用穿心罐，一滚便泡，滚久则水味变矣。停滚再泡，则叶浮矣。一泡便饮，用盖掩之，则味又变矣。此中消息，间不容发也。山西裴中丞尝谓人曰：『余昨日过随园，才吃一杯好茶。』呜呼！公山西人也，能为此言。而我见士大夫生长杭州，一入宦场便吃熬茶，其苦如药，其色如血。此不过肠肥脑满之人吃槟榔法也。俗矣！除吾乡龙井外，余以为可饮者，胪列[4]于后。

[1]中泠、惠泉：均为泉名。中泠位于江苏镇江，古有『天下第一泉』之称，今已不存。惠泉，即惠山泉，位于江苏无锡，相传唐代陆羽等茶人将其列为『天下第二泉』。

[2]雨前：正如明前茶为清明节前采摘的茶叶，雨前则是谷雨前采摘的茶叶。

[3]一旗一枪：指幼嫩的茶叶。芽尖细如枪，叶开展如旗，故名。

[4]胪（lú）列：罗列；列举。

武夷茶

余向不喜武夷茶，嫌其浓苦如饮药。然丙午秋，余游武夷到曼亭峰、天游寺诸处。僧道争以茶献。杯小如胡桃，壶小如香橼[1]，每斟无一两。上口不忍遽咽，先嗅其香，再试其味，徐徐咀嚼而体贴之。果然清芬扑鼻，舌有余甘，一杯之后，再试一二杯，令人释躁平矜，怡情悦性。始觉龙井虽清而味薄矣，阳羡虽佳而韵逊矣。颇有玉与水晶，品格不同之故。故武夷享天下盛名，真乃不忝[2]。且可以瀹[3]至三次，而其味犹未尽。

[1] 香橼：又名枸橼或枸橼子，果椭圆形，果皮淡黄。其变种为佛手。

[2] 忝（tiǎn）：辱，有愧于，常用作谦辞。

[3] 瀹（yuè）：煮。

龙井茶

杭州山茶，处处皆清，不过以龙井为最耳。每还乡上冢，见管坟人家送一杯茶，水清茶绿，富贵人所不能吃者也。

常州阳羡茶

阳羡茶，深碧色，形如雀舌，又如巨米。味较龙井略浓。

洞庭君山茶

洞庭君山出茶，色味与龙井相同。叶微宽而绿过之。采掇最少。方毓川抚军曾惠两瓶，果然佳绝。后有送者，俱非真君山物矣。

此外如六安、银针、毛尖、梅片、安化，概行黜落[1]。

[1] 黜落：旧指科场除名落第，落榜。喻此五种茶不入袁枚法眼，未被录入茶单。

酒

余性不近酒，故律酒过严，转能深知酒味。今海内动行[1]绍兴，然沧酒之清，浔酒之洌，川酒之鲜，岂在绍兴下哉！大概酒似耆老宿儒，越陈越贵，以初开坛者为佳，谚所谓『酒头茶脚』是也。炖法不及则凉，太过则老，近火则味变。须隔水炖，而谨塞其出气处才佳。取可饮者，开列于后。

[1] 动行：施行，流行。

金坛于酒

于文襄公家所造，有甜、涩二种，以涩者为佳。一清彻骨，色若松花。其味略似绍兴，而清洌过之。

德州卢酒

卢雅雨转运家所造，色如于酒，而味略厚。

四川郫①筒酒

郫筒酒，清洌彻底，饮之如梨汁蔗浆，不知其为酒也。但从四川万里而来，鲜有不味变者。余七饮郫筒，惟杨笠湖刺史木簰②上所带为佳。

①郫：县名，在今四川省。
②木簰（pái）：同『箄』，筏子。

绍兴酒

绍兴酒，如清官廉吏，不参一毫假，而其味方真。又如名士耆英①，长留人间，阅尽世故，而其质愈厚。故绍兴酒，不过五年者不可饮，参水者亦不能过五年。余常称绍兴为名士，烧酒为光棍。

①耆（qí）英：高年硕德者。

湖州南浔酒

湖州南浔酒，味似绍兴，而清辣过之。亦以过三年者为佳。

常州兰陵酒

唐诗有『兰陵美酒郁金香，玉碗盛来琥珀光』[1]之句。余过常州，相国刘文定公饮以八年陈酒，果有琥珀之光。然味太浓厚，不复有清远之意矣。宜兴有蜀山酒，亦复相似。至于无锡酒，用天下第二泉[2]所作，本是佳品，而被市井人苟且为之，遂至浇淳散朴[3]，殊可惜也。据云有佳者，恰未曾饮过。

[1]兰陵美酒郁金香，玉碗盛来琥珀光：李白《客中行》：『兰陵美酒郁金香，玉碗盛来琥珀光。但使主人能醉客，不知何处是他乡。』由于东晋的侨置制度，历史出现了两个兰陵，『北兰陵』是山东兰陵县，设于春秋时期，『南兰陵』为江苏常州，东晋时兰陵县的士大夫乔迁至此，仍用原籍地名，但自隋朝以降，常州不再称兰陵。一般认为，李白诗中的兰陵是指『南兰陵』常州，而袁枚在此篇中描写的，亲眼见过常州的兰陵酒中泛有『琥珀光』的经历，自然也为这种观点提供了佐证。

[2]天下第二泉：即惠山泉。见本单中《茶》篇。

[3]浇淳散朴：使淳朴的社会风气变得浮薄。《文子·上礼》：『施及周室，浇醇散朴，离道以为伪，险德以为行。』

溧阳乌饭酒

余素不饮。丙戌年，在溧水叶比部家，饮乌饭酒至十六杯，傍人大骇，来相劝止。而余犹颓然，未忍释手。其色黑，其味甘鲜，口不能言其妙。据云溧水风俗：生一女，必造酒一坛，以青精饭为之。俟嫁此女，才饮此酒。以故极早亦须十五六年。打瓮时只剩半坛，质能胶口，香闻室外。

苏州陈三白酒

乾隆三十年，余饮于苏州周慕庵家。酒味鲜美，上口粘唇，在杯满而不溢。饮至十四杯，而不知是何酒，问之，主人曰：『陈十余年之三白酒也。』因余爱之，次日再送一坛来，则全然不是矣。甚矣！世间尤物之难多得也。按郑康成《周官》注『盎齐』云：『盎者翁翁然，如今酂白。』[1]疑即此酒。

[1] 盎者翁翁然，如今酂（cuó）白：《周礼·天官·酒正》：『辨五齐之名，一曰泛齐，二曰醴齐，三曰盎齐，四曰缇齐，五曰沉齐。』东汉儒者郑玄（字康成）注本中，注『盎者翁翁然，如今酂白。』『盎』，葱白色的浊酒，就是现在的酂白（酒名）。翁翁然：形容酒色葱白状。

金华酒

金华酒，有绍兴之清，无其涩；有女贞之甜，无其俗。亦以陈者为佳。盖金华一路水清之故也。

山西汾酒

既吃烧酒，以狠为佳。汾酒乃烧酒之至狠者。余谓烧酒者，人中之光棍，县中之酷吏也。打擂台，非光棍不可；除盗贼，非酷吏不可；驱风寒、消积滞，非烧酒不可。汾酒之下，山东膏粱烧次之，能藏至十年，则酒色变绿，上口转甜，亦犹光棍做久，便无火气，殊可交也。尝见童二树家泡烧酒十斤，用枸杞四两、苍术二两、巴戟天一两，布扎一月，开瓮甚香。如吃猪头、羊尾、『跳神肉』之类，非烧酒不可。亦各有所宜也。

此外如苏州之女贞、福贞、元燥，宣州之豆酒，通州之枣儿红，俱不入流品；至不堪者，扬州之木瓜也，上口便俗。

图书在版编目（CIP）数据

随园食单 /（清）袁枚著；彭剑斌译注. - 北京：北京时代华文书局，2020.4
（原点·给青年人的生活美育书 / 陈潜主编）
ISBN 978-7-5699-3355-0

Ⅰ.①随… Ⅱ.①袁… ②彭… Ⅲ.①烹饪 - 中国 - 清前期②食谱 - 中国 - 清前期
③中式菜肴 - 中国 - 清前期 ④《随园食单》- 译文⑤《随园食单》- 注释Ⅳ.① TS972.117

中国版本图书馆 CIP 数据核字（2019）第 285085 号

随 园 食 单

SUI YUAN SHIDAN

著　　者 |（清）袁枚
译　　注 | 彭剑斌

出 版 人 | 陈　涛
选题策划 | 陈丽杰　汪亚云
责任编辑 | 陈丽杰　汪亚云
责任校对 | 徐敏峰
封面设计 | 熊　琼
内文排版 | 王艾迪
责任印制 | 訾　敬　范玉洁

出版发行 | 北京时代华文书局 http://www.bjsdsj.com.cn
北京市东城区安定门外大街 138 号皇城国际大厦 A 座 8 楼
邮编：100011　电话：010 - 64267955　64267677
印　　刷 | 北京富诚彩色印刷有限公司　010-67583888
（如发现印装质量问题，请与印刷厂联系调换）
开　　本 | 880mm×1230mm　1/32　印　张 | 10.5　字　数 | 245 千字
版　　次 | 2020 年 9 月第 1 版　印　次 | 2020 年 9 月第 1 次印刷
书　　号 | ISBN 978-7-5699-3355-0
定　　价 | 77.00 元